PESQUISA EM EDUCAÇÃO MATEMÁTICA

O selo DIALÓGICA da Editora InterSaberes faz referência às publicações que privilegiam uma linguagem na qual o autor dialoga com o leitor por meio de recursos textuais e visuais, o que torna o conteúdo muito mais dinâmico. São livros que criam um ambiente de interação com o leitor – seu universo cultural, social e de elaboração de conhecimentos –, possibilitando um real processo de interlocução para que a comunicação se efetive.

Edy Célia Coelho

PESQUISA EM EDUCAÇÃO MATEMÁTICA

EDITORA intersaberes

Rua Clara Vendramin, 58, Mossunguê
CEP 81200-170, Curitiba, PR, Brasil
Fone: (41) 2106-4170
www.intersaberes.com
editora@editoraintersaberes.com.br

Conselho editorial – *Dr. Ivo José Both (presidente)*
Drª Elena Godoy
Dr. Nelson Luís Dias
Dr. Neri dos Santos
Dr. Ulf Gregor Baranow

Editora-chefe – *Lindsay Azambuja*

Supervisora Editorial – *Ariadne Nunes Wenger*

Analista Editorial – *Ariel Martins*

Preparação de originais – *Alessandra Cavalli Esteche*

Edição de texto – *Flávia Garcia Penna*
Tiago Krelling Marinaska
Sara Duim Dias

Capa – *Charles L. da Silva*

Projeto gráfico – *Bruno Palma e Silva*

Diagramação – *Regiane Rosa*

Equipe de *design* – *Luana Machado Amaro*
Laís Galvão

Iconografia – *Regina Claudia Cruz Prestes*

Dados Internacionais de Catalogação na Publicação (CIP)
(Câmara Brasileira do Livro, SP, Brasil)

Coelho, Edy Célia
  Pesquisa em educação matemática/Edy Célia Coelho.
Curitiba: InterSaberes, 2018. (Série Matemática em Sala de Aula)
  Bibliografia.
  ISBN 978-85-5972-698-5

  1. Educação matemática 2. Matemática – Estudo e ensino
3. Pesquisa educacional I. Título. II. Série.

18-13673   CDD-510.7

Índice para catálogo sistemático:
1. Educação Matemática   510.7

1ª edição, 2018.

Foi feito o depósito legal.

Informamos que é de inteira responsabilidade da autora a emissão de conceitos.

Nenhuma parte desta publicação poderá ser reproduzida por qualquer meio ou forma sem a prévia autorização da Editora InterSaberes.

A violação dos direitos autorais é crime estabelecido na Lei n. 9.610/1998 e punido pelo art. 184 do Código Penal.

Sumário

Apresentação 13

Organização didático-pedagógica 21

1 Investigação científica 25

    1.1 Origem da investigação científica 26

    1.2 Principais conceitos 29

    1.3 Critérios de cientificidade 32

    1.4 Conhecimento científico e conhecimento comum 35

    1.5 Métodos de investigação científica 39

2 Pesquisa em educação: natureza e características 59

    2.1 Evolução da pesquisa em educação 60

    2.2 Natureza e característica do objeto e dos métodos de investigação em educação 66

    2.3 Etapas da pesquisa em educação matemática 75

3 Tipos de pesquisa 97

    3.1   Quanto à abordagem 99

    3.2   Quanto à natureza 102

    3.3   Quanto aos objetivos 103

    3.4   Quanto aos procedimentos técnicos 105

4 Educação matemática como campo de pesquisa 129

    4.1   Evolução dos fatos históricos na educação matemática no Brasil 131

    4.2   Educação matemática e perspectivas de pesquisa 141

    4.3   Educação matemática como campo profissional e científico 148

    4.4   Informações acerca da pesquisa em educação matemática no Brasil 153

5 Ética na pesquisa educacional e suas implicações na pesquisa em educação matemática 165

    5.1   Ética na pesquisa educacional 167

    5.2   Implicação da ética para a pesquisa em educação matemática 178

Considerações finais 185

Lista de Siglas 187

Glossário 191

Referências 193

Bibliografia comentada 207

Anexos 211

Respostas 213

Nota sobre a autora 221

Dedico este livro, extensão da vida,
a Deus, pela existência divina.

A Jesus, pelo exemplo de amor.

A Maria, pela proteção de mãe.

À minha mãe, Cléia, ao meu
pai, Eduardo, e à minha irmã,
pelo aprendizado em família.

À minha Paixão, a Lipe e a Malu
Luly, ao som infinito da existência.

Agradeço a Deus, por Seu infinito amor e por me abençoar, proporcionando-me pais, irmã, família, mestres e amigos, que, até mesmo por meio de atos simples da vida, contribuíram para que eu chegasse ao fim deste livro.

Aos meus pais, Eduardo e Cléia, pelo dom da vida e das palavras. Amo vocês para a eternidade.

À minha irmã, Lue; a Gabi e a Mario, por serem nossa família.

À minha Paixão. Eu não sei ficar sem seu amor, sem seu abraço, sem você... Então, acelera.

Ao meu Lipe, pelo aprendizado de ser mãe, com a fortaleza do som infinito.

À minha Maria Luiza, a tão doce espera e obra-prima que Ele planejou.

Às amigas de trabalho, Katya, Ana e Paulinha, pelos questionamentos, e a Gianna, por dedicar seu tempo a me auxiliar. Eternizado em dez para cinco em forma de alegria.

E tudo quanto fizerdes, fazei-o de todo o coração.

Colossenses, 3: 23.

Apresentação

Este livro insere-se em uma área interdisciplinar composta de tópicos de pesquisa e de matemática, com o intuito de tratar do tema *pesquisa em educação matemática*, bem como de aplicar métodos que contribuam para o desenvolvimento da metodologia/pedagogia do professor/aluno e para o avanço da educação.

A motivação para a escrita surgiu ao agregarmos pesquisa e educação matemática, com o propósito de inserir alunos em pequenos projetos, mostrando-lhes a necessidade e o universo da pesquisa não isolada, mas em conjunto, ou seja, expondo as inspirações, bem como instigando e possibilitando questionamentos dos mais diversos grupos de conhecimento e trazendo à tona o pesquisador, o investigador e o observador que estão na essência do homem.

Dessa maneira, buscamos a junção de temas que envolvam os pilares da **qualidade** e da **investigação** para o desenvolvimento de pesquisas sobre o **saber fazer**, mas que exijam domínio de conhecimento do **saber o que fazer**. Em outras palavras, nosso objetivo é desenvolver as competências de saber agir e de integrar saberes múltiplos, que são o âmago da educação matemática.

Ao abordar um tema, antes de descrevê-lo, é de praxe que o professor e o pesquisador verifiquem o significado das palavras que compõem o assunto a ser estudado e também seus sinônimos. Portanto, nesta apresentação, empregaremos essa metodologia, assim como em todos os capítulos em que ela se fizer necessária.

Pesquisa

Segundo Houaiss e Villar (2009), *pesquisa* é um "conjunto de atividades que têm por finalidade a descoberta de novos conhecimentos no domínio científico, literário, artístico etc.; investigação ou indagação minuciosa". Essa conceituação permite-nos observar algumas palavras essenciais para a plena compreensão do vocábulo e da prática da pesquisa. Porém, a falta de uma análise de critérios, métodos ou diagnósticos pode gerar resultados que não condizem com a realidade, que é infinita quando se trata de educação matemática.

Tudo o que envolve o ser humano e a criação está em constante progresso e crescimento, ou seja, a verdadeira pesquisa promove movimento. Já a investigação, quando não compartilhada, não promove pesquisa nem educação, uma vez que não estamos sós. O número, por exemplo, sempre esteve presente no universo, na natureza, mas só foi representado quando surgiu a necessidade humana de fazê-lo.

Ao se conceber a pesquisa como um "conjunto de atividades", descaracterizam-se as práticas corriqueiras dos pesquisadores e das escolas brasileiras. Apesar de haver brilhantes pesquisadores no Brasil, para o país tornar-se uma potência científica, é necessária uma mudança profunda em toda a sua estrutura, desde a educação básica, com a importação de material científico e investimentos vindos da iniciativa privada. Na verdade, falta à escola pensar a pesquisa com o intuito de transformar conhecimentos em benefícios para a melhoria da qualidade de vida das pessoas, abandonando-se, assim, técnicas remotas, como a cópia de livros ou, mais modernamente, o "copiar e colar" da internet.

O termo *pesquisa* abrange um conjunto de ações e práticas que objetivam uma metodologia predefinida e estabelecida, reconhecida nacional e internacionalmente. No conhecimento pesquisado, a ação refere-se a trocas de opinião, revisões bibliográficas, investigações, estudos de caso, análises, resultados e discussões, ou seja, a abrangência é muito mais ampla que a definição extraída de um dicionário. A pesquisa terá ação e será verdadeira quando a comunidade de pesquisadores, professores e alunos trocarem conhecimentos e todos trabalharem em conjunto.

Esse amplo leque de instrumentos e práticas já é observado, por exemplo, no *software* R (R Development Core Team, 2012), dotado de linguagem livre e aberta e de programação científica, com bibliotecas matemáticas e estatísticas interligando todas as áreas do conhecimento. Os pacotes do R podem ser utilizados por aqueles que quiserem contribuir ou ser somente usuários. Nesse sistema, ocorre a troca de conhecimento em pleno universo aberto.

No Congresso Internacional Educação: uma Agenda Urgente, de 2011, o Conselho Assessor das Metas Educativas 2021, da Organização dos Estados Ibero-Americanos (OEI), de que o Brasil é integrante, e a então presidente do Instituto Nacional de Estudos e Pesquisas Educacionais Anísio Teixeira (Inep), Malvina Tuttman, conclamaram os pesquisadores a trabalhar com os dados da educação divulgados pela autarquia federal. Malvina Tuttman afirma o seguinte:

> Vamos avaliar, diagnosticar. Nós já temos muitos dados. Não precisamos ficar esperando os microdados [as informações mais detalhadas das avaliações]. Estão parados porque não têm os microdados? O que estamos fazendo com eles? Vamos usá-los. Podem não ser os mais atuais, mas não são tão diferentes de um ano para o outro. Vamos aprimorar o que temos. (Todos pela Educação, 2011)

Nossa intenção no presente trabalho é tornar a pesquisa objetiva e aplicar, na prática, nas áreas de conhecimento, a didática e a metodologia aprendidas na teoria, ou seja, levá-lo a participar de trocas de opinião, questionamentos e práticas e a sugerir e executar projetos. Desse modo, em consonância com a definição de Houaiss e Villar (2009), temos por finalidade a "descoberta de novos conhecimentos nos domínios científico, literário, artístico etc".

A investigação é fundamental desde a educação básica, mas a realidade da pesquisa só virá ao encontro dos estudantes caso se aventurem, no futuro, a fazer especialização, mestrado, doutorado ou pós-doutorado. Evidentemente, o objetivo não é que todas essas ações que determinam uma verdadeira pesquisa sejam aplicadas na infância, mas as bases devem surgir já nessa fase. Os alunos têm de ir incorporando a seu repertório os conhecimentos necessários para que, nas etapas posteriores, especialmente na universidade, estejam prontos para aplicá-los e ampliar os horizontes da pesquisa científica no país.

O pesquisador deve ter em mente que a pesquisa é um movimento infinito, pois pode gerar outras variações em um mesmo estudo incessantemente, ou seja, assim como o símbolo de *infinito*, não tem começo nem fim, já que não se limita em si mesma.

Figura A – Infinito elíptico da pesquisa

Educação

Educação, para Houaiss e Villar (2009), é o processo para "2 [...] o desenvolvimento físico, intelectual e moral de um ser humano; [...] 3 o conjunto desses métodos; [...] instrução, ensino". A palavra tem origem no latim *educare*, *educere*, cujo significado literal é "conduzir (direcionar) para fora".

A educação é um conjunto de ações e influências exercidas voluntariamente por um ser humano em outro, normalmente por um adulto em um jovem. Por meio dessas ações, pretende-se alcançar determinado propósito no indivíduo, para que ele possa desempenhar alguma função nos contextos sociais, econômicos, culturais e políticos de um grupo (Hubert, 1957).

O uso da palavra *educação* sem uma especificação, tal como *educação básica*, educação *infantil* ou educação *ambiental*, é difícil de ser discutido, visto que o termo pressupõe um meio de viver e assegurar o que o homem aprendeu. Por esse motivo, nesta obra, utilizaremos a expressão *educação matemática* para não distorcer o foco.

Matemática

Para Houaiss e Villar (2009), *matemática* é a "ciência que estuda, por método dedutivo, objetos abstratos (números, figuras, funções) e as relações existentes entre eles". Essa palavra deriva do grego *matemathike*: *máthema* significa "compreensão", "explicação", "ciência", "conhecimento", "aprendizagem", e *thike*, "arte".

A matemática está associada à ciência. Alguns a veem como um conjunto de regras abstratas, e outros, como um conjunto de ideias testáveis, que ainda não foram provadas, mas podem ser computacionalmente aplicadas. Pode-se argumentar que a matemática utiliza o mundo real (por exemplo, a geometria algébrica), pois se concentra, principalmente, em desenvolver o conhecimento abstrato. Dessa maneira, elucida, por meio da natureza, do universo, o que talvez não tivesse explicação na época em que foi criada a teoria, que hoje, no entanto, é aplicável e pode ser desenvolvida. Essa é a magia desse conhecimento exato, que é uma linguagem universal, ainda que contestada em várias teorias. A concepção de infinito, por exemplo, é legítima matematicamente, mesmo não havendo qualquer indício de que um número infinito realmente existe no mundo natural.

A matemática, a qual faz parte da atividade humana, expandiu-se e acentuou-se na Europa da Renascença, ocasião em que surgiram novas descobertas científicas, provocando um crescimento desmedido, que continua até hoje. É empregada em muitas áreas do conhecimento – os estudos de matemática pura e aplicada são subdivisões da matemática, assim como diversas outras denominações. Todas procuram esclarecer relações observadas, sejam axiomas, sejam teoremas, utilizando lógica formal, estrutura comum ou ferramentas computacionais, com vistas a alcançar o aperfeiçoamento daquilo que, anteriormente, era inimaginável explicar.

Os mais antigos registros dessa ciência exata de que temos conhecimento datam de 2400 a.c. Logo, discorrer sobre a matemática em poucos parágrafos seria ir contra a grandiosidade dessa área do conhecimento, que estuda, por meio de método dedutivo, números, figuras, funções, formas geométricas e o universo das relações existentes entre eles. A matemática é a busca do conhecimento – ato do saber – por meio de explicação da ciência.

Os materiais citados a seguir são fontes para o aprofundamento da história da matemática, como os livros *Une histoire des mathematiques: routes et dedales* (1986), de Amy Dahan Dalmedico e Jeanne Peiffer, e *A History of Mathematics* (2011), de Carl B. Boyer e Uta C. Merzbach. Assim como a história em geral mostra o modo como o homem conduz sua vida em razão dos fatos, a história da matemática é o produto da vida de civilizações que foram influenciadas e estimuladas pelos eventos econômicos, sociais e políticos.

Para a escola e os alunos, de modo geral, *fazer matemática* significa seguir as normas prescritas pelo professor, e *saber matemática* pressupõe lembrar e utilizar corretamente as normas na ocasião em que o professor coloca uma questão, sendo a *verdade matemática* determinada quando o educador comprova a resposta. Essas concepções equivocadas sobre o *fazer matemática* são adquiridas ao longo de anos, conforme o que se vê, se ouve e se pratica (Lampert, 1990). Nos anos 1990, Schoenfeld (1992) já chamava a atenção para o fato de que a matemática era associada com a certeza, e o *saber matemática*, com a capacidade de dar respostas certas e rápidas.

Aqui, trataremos a **educação matemática** com o sentido figurado de "ponte", tendo como ponto inicial a educação – a aplicação de métodos próprios para assegurar a formação e o desenvolvimento de um ser humano – e como ponto final a matemática – o conjunto dos conhecimentos (saberes), por método dedutivo, e as relações existentes entre eles. Trata-se de um preparo para o crescimento, que será alcançado pela ligação dos extremos dessa ponte – a educação e a matemática – e pela busca, nessa trajetória, dos conteúdos cuja relação interdisciplinar não era reconhecida anteriormente e, nos dias atuais, tomam nova forma, graças à grande evolução do que se entende por *ensino* e *matemática*.

Assim, a matemática tenta vincular-se à vida prática e às diversas áreas do conhecimento humano, fortalecida pela interdisciplinaridade e atingindo a transdisciplinaridade na busca da educação matemática.

Pesquisas em educação matemática repercutem nos meios acadêmicos desde o início do século XIX. Segundo Kilpatrick (1992), em alguns países, a expressão *educação matemática* apresenta-se como *didática da matemática* e é constantemente comparada a uma pedagogia mais geral. Esse autor publicou um apanhado histórico e detalhado da pesquisa em educação matemática, sugerido para estudo na seção "Bibliografia comentada".

Os fatos ligados à pesquisa dos dados da educação matemática representados neste livro, certamente, não serão suficientes para minuciar sua enorme extensão. As tendências aqui publicadas são apenas um fragmento de uma totalidade que cresce ininterruptamente – para cada uma dessas tendências, há uma abundância de subtendências. No Brasil, atualmente, há cursos de pós-graduação em Educação Matemática em vários níveis, tanto para professores de Matemática quanto para pedagogos ou afins que queiram rever suas práticas e se informar sobre as novidades no ensino da disciplina.

Este livro é organizado em cinco capítulos. No Capítulo 1, trataremos da investigação científica; no Capítulo 2, da natureza e das características da pesquisa em educação; no Capítulo 3, dos tipos de pesquisa; no Capítulo 4, da educação matemática como campo de pesquisa; e, no Capítulo 5, da ética na pesquisa educacional e de suas implicações para a pesquisa em educação matemática. Esses capítulos, além de fornecerem um panorama do que é essencial para o desenvolvimento da pesquisa em educação matemática, propõem atividades de aprendizado e de autoavaliação sobre os assuntos apresentados, com o objetivo de incitar o debate científico e a investigação de temas da educação matemática. Assim, pretendemos fortalecer a ponte entre a educação e a matemática e levá-lo a maravilhar-se com o infinito da pesquisa.

Boa leitura!

Organização didático-pedagógica

Esta seção tem a finalidade de apresentar os recursos de aprendizagem utilizados no decorrer da obra, de modo a evidenciar os aspectos didático-pedagógicos que nortearam o planejamento do material e como o leitor pode tirar o melhor proveito dos conteúdos para seu aprendizado.

Introdução do capítulo

Logo na abertura do capítulo, você é informado a respeito dos conteúdos que nele serão abordados, bem como dos objetivos que a autora pretende alcançar.

Síntese

Você conta, nesta seção, com um recurso que o instigará a fazer uma reflexão sobre os conteúdos estudados, de modo a contribuir para que as conclusões a que você chegou sejam reafirmadas ou redefinidas.

Atividades de autoavaliação

Com estas questões objetivas, você tem a oportunidade de verificar o grau de assimilação dos conceitos examinados, motivando-se a progredir em seus estudos e a se preparar para outras atividades avaliativas.

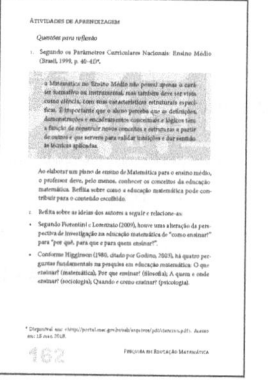

Atividades de aprendizagem

Aqui você dispõe de questões cujo objetivo é levá-lo a analisar criticamente determinado assunto e aproximar conhecimentos teóricos e práticos.

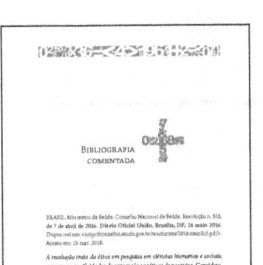

Bibliografia comentada

Nesta seção, você encontra comentários acerca de algumas obras de referência para o estudo dos temas examinados.

INVESTIGAÇÃO CIENTÍFICA

Neste capítulo, o ponto de referência é a história da ciência, desde a base cartesiana às particularidades da obra de Descartes, para delinear a filosofia que sustentava o pensamento científico da época, até a atualidade, trazendo, de modo esquemático, organogramas, tabelas e técnicas para o desenvolvimento da pesquisa.

Fundamentaremos a visão de realidade e de conhecimento científico que orienta a edificação da ciência contemporânea. A pesquisa não tem uma norma definida, ou seja, não há um procedimento-padrão para que a investigação tenha êxito, assim como não é possível afirmar que a pesquisa qualitativa tem primazia em relação à quantitativa e a seus respectivos mecanismos de análise e interpretação dos dados. O que existe são questionamentos que mostram a direção da pesquisa e os resultados que podem ser obtidos (Bicudo, 2012).

Assim, nosso objetivo geral é indicar caminhos para a pesquisa, apresentando diferentes métodos da investigação científica em geral e considerando a maneira como cada um auxilia no desenvolvimento e na *performance* de determinada investigação científica.

Para entender as características da investigação científica, é necessário conhecer a história, a origem e a metodologia e, previamente, compreender o que vem a ser ciência. Em virtude da quantidade de definições/conceitos de ciência encontrada na literatura científica e na história, apresentaremos algumas consideradas relevantes para este capítulo.

1.1 Origem da investigação científica

Desde os períodos pré-históricos, a humanidade tem o desejo – evidenciado, por exemplo, nas pinturas rupestres – de buscar explicações para os fenômenos naturais e, mais do que isso, a necessidade de estudá-los, descrevê-los e representá-los.

Os pensadores do período pré-socrático, entre eles Tales de Mileto (ca. 625 a.C.-ca. 547 a.C.), Demócrito (ca. 460 a.C.-ca. 370 a.C.), Heráclito (ca. 535 a.C.-ca. 475 a.C.) e Pitágoras (ca. 570 a.C.-ca. 500 a.C.), buscavam compreender o mundo por meio da observação da natureza, o que os levou a ser considerados, muitas vezes, *filósofos naturalistas*. Para Pitágoras, que acreditava que a essência das coisas estava nos números, era fundamental matematizar suas observações. Seu grande trunfo foi o teorema sobre o triângulo retângulo – o conhecido *teorema de Pitágoras* (Omnès, 1996).

Na Grécia Clássica de Aristóteles (384 a.C.-322 a.C.), filósofo sucessor de Platão (ca. 428 a.C.-ca. 347 a.C.), surgiu o estudo da lógica, frequentemente dividida em três partes: raciocínio indutivo, abdutivo e dedutivo. A história seguiu seu curso, e Galileu Galilei (1564-1642) – físico, matemático, astrônomo e filósofo autor da célebre frase "o livro da natureza está escrito em caracteres matemáticos", utilizou a matemática para aprofundar seus estudos.

Durante o Renascimento, o racionalismo de Descartes (1596-1650) ganhou evidência, sendo-lhe creditada a elaboração do método científico moderno, embora Francis Bacon (1561-1626) já tivesse utilizado o método indutivo de investigação científica, que o conduzia à elaboração de hipóteses e à sua comprovação por meio da experimentação.

Considerado o inventor da geometria analítica, Descartes mostrou em *Discurso do método*, uma de suas obras mais conhecidas, uma ciência assumidamente matemática e racional para explicar os fenômenos – o método cartesiano. Contudo, com o passar do tempo, o conhecimento e os métodos científicos foram continuamente enriquecidos. O Quadro 1.1, a seguir, apresenta algumas particularidades de sua evolução histórica.

Quadro 1.1 – Evolução histórica do método científico

PERÍODO HISTÓRICO	PENSADORES	PRINCIPAL CONTRIBUIÇÃO
Grécia Antiga	Euclides, Platão, Aristóteles, Arquimedes, Tales, Ptolomeu	Além das chamadas questões metafísicas, trataram também da geometria, da matemática, da física, da medicina etc., imprimindo uma visão totalizante às suas interpretações.
Séculos IV-XIII	Santo Agostinho, São Tomás de Aquino	Transformação dos textos bíblicos em fonte de autoridade científica e, de modo geral, a existência de uma atitude de preservação/contemplação da natureza, considerada sagrada.
Séculos XVI-XVII	Copérnico, Kepler, Galileu e Newton	Ruptura com a estrutura teológica e epistemológica do período medieval e início da busca por uma interpretação matematizada e formal do real. O método acontece em dois momentos: a indução e a educação.
	Bacon, Hobbes, Locke, Hume e Mill	Aprofundamento da questão da indução, lançamento das bases para o método indutivo-experimental.
	Descartes	Método dedutivo.
Século XVIII	Kant	Sujeito como ordenador e construtor da experiência: só existe o que é pensado.

(continua)

(Quadro 1.1 – conclusão)

Período Histórico	Pensadores	Principal contribuição
Século XIX*	Hegel	"O processo histórico".
	Marx	Explicações verdadeiras para o que ocorre no real não se verificarão através do estabelecimento de relações causais ou relações de analogia, mas sim no desvelamento do "real aparente" para chegar no "real concreto".
Século XX**	Popper	Propõe que o indutivismo seja substituído por um modelo **hipotético-dedutivo**, ressaltando que o que deve ser testado não é a possibilidade de verificação, mas sim a de refutação de uma hipótese.
	Kuhn	O método em dois momentos: a ciência trabalha para ampliar e aprofundar o aparato conceitual do paradigma, ou, num momento de crise, trabalha pela superação do paradigma dominante.

Fonte: Adaptado de Prodanov; Freitas, 2013, p. 25-26, grifo do original.

Enquanto a percepção cotidiana da realidade é um conhecimento popular e experimental, o conhecimento científico é uma pesquisa sistemática e aprofundada da realidade. O conhecimento filosófico, por sua vez, é decorrente de ideias e conceitos e busca o questionamento do mundo e do homem (Gerhardt; Silveira, 2009; Tartuce, 2006).

---

* Além de Marx, podemos citar Einstein, cujas ideias trouxeram a crise do paradigma dominante, com os conceitos de relatividade, que colocaram o tempo e o espaço absoluto de Newton em debate.

** Além de Popper e Kuhn, podemos citar Godel, Bohr e Prigogine, matemático, físico e químico, respectivamente, que abalaram o rigor da medição e propuseram uma nova visão de matéria e de natureza, na qual o homem se encontra em um momento de revisão do rigor científico.

O quadro anterior apresenta informações que, do ponto de vista da evolução histórica da pesquisa científica, não estão completas, visto que já estamos no século XXI. No entanto, elas possibilitam a compreensão do processo da ciência do saber, além de apontar métodos de investigação, como a instrumentalização para a pesquisa, com o intuito de trazer o espírito crítico.

1.2 Principais conceitos

Antes de entender os aspectos da investigação científica e seus métodos, é preciso compreender o que vem a ser *metodologia* e *ciência*.

1.2.1 O que é metodologia

Segundo Houaiss e Villar (2009), *metodologia* é o "corpo de regras e diligências estabelecidas para realizar uma pesquisa". Por sua vez, para Fonseca (2002), Tartuce (2006) e Gerhardt e Silveira (2009), é o estudo do método: do grego *methodos* – caminho em direção a um objetivo, organização do pensamento e articulação exercida da realidade – e *logos* – estudo sistemático, pesquisa, investigação. Em outras palavras, *metodologia* é o processo ou a organização aplicável à realização de uma pesquisa ou um estudo, à produção científica.

Assim, é importante reforçar a diferença entre metodologia e método. A primeira relaciona-se mais precisamente com a legitimidade da trajetória escolhida para se chegar ao fim proposto pela pesquisa. Não é conteúdo, nem teoria, nem ferramentas de métodos e técnicas. Já a metodologia é mais que o detalhamento dos procedimentos utilizados na pesquisa, na medida em que ela aponta a maneira como o pesquisador faz a escolha teórica de sua pesquisa (Gerhardt; Silveira, 2009).

Conforme Minayo (2007), *teoria* e *método*, ainda que não sejam a mesma coisa, são termos que devem ser tratados de maneira integrada quando da escolha de um tema ou objeto de pesquisa. A metodologia, para a autora citada, é a discussão epistemológica do roteiro da investigação, quando se apresentam e se justificam os métodos, as técnicas e as ferramentas empregados nas buscas relativas às indagações decorrentes da pesquisa.

1.2.2 O QUE É CIÊNCIA

A palavra *ciência* tem origem no latim *scientia*, que significa "conhecimento". Segundo Andery (2004, p. 15-16), "caracteriza-se por ser a tentativa do homem de entender e explicar racionalmente a natureza, buscando formular leis que, em última instância, permitam a atuação humana". Freire-Maia (1998, p. 24), por sua vez, define a ciência como "um conjunto de descrições, interpretações, teorias, leis, modelos etc., que visam ao conhecimento de uma parcela da realidade". Assim, a ciência busca criar modelos explicativos que representem uma verdade capaz de romper com o senso comum.

Fonseca (2002) afirma que a ciência é uma forma particular de conhecer o mundo. Da necessidade do homem de estudar, entender e explicar o universo e os fenômenos que nele se manifestam, surgem diversos ramos da ciência. Lakatos e Marconi (2007) apresentam, na Figura 1.1, a classificação e a divisão da ciência de acordo com sua ordem e seu conteúdo.

Figura 1.1 – Classificação e divisão da ciência

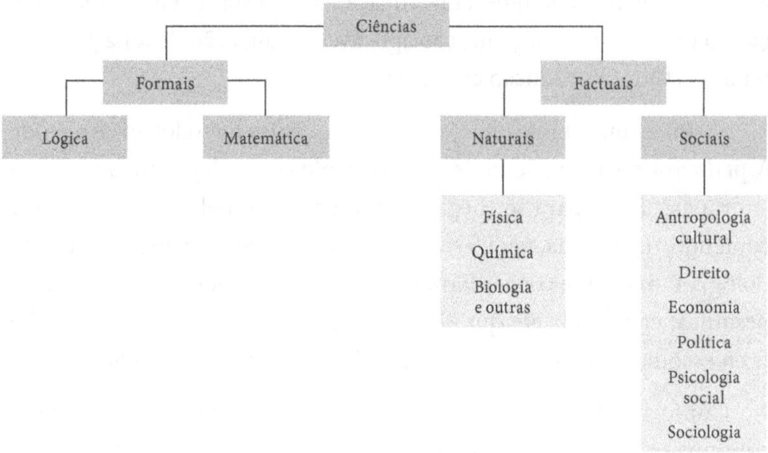

```
                        Ciências
                ┌──────────┴──────────┐
              Formais               Factuais
           ┌─────┴─────┐         ┌─────┴─────┐
         Lógica    Matemática  Naturais    Sociais
                                  │           │
                                Física    Antropologia
                                            cultural
                                Química
                                            Direito
                                Biologia
                                e outras    Economia

                                            Política

                                            Psicologia
                                            social

                                            Sociologia
```

Fonte: Adaptado de Lakatos; Marconi, 2007, p. 81.

Lakatos e Marconi (2007, p. 80) complementam que, além de ser "uma sistematização de conhecimentos", a ciência é "um conjunto de proposições logicamente correlacionadas sobre o comportamento de certos fenômenos que se deseja estudar".

Segundo Fonseca (2002), o sociólogo português Boaventura de Souza Santos, no livro *Um discurso sobre as ciências* (1987), enquadra a natureza da ciência em três momentos: paradigma da modernidade, crise do paradigma dominante e paradigma emergente.

O **paradigma da modernidade** é o dominante hoje em dia. Substancia-se nas ideias de Copérnico, Kepler, Galileu, Newton, Bacon e Descartes. Construído com base no modelo das ciências naturais, [...] apresenta uma e só uma forma de conhecimento verdadeiro e uma racionalidade experimental, quantitativa e neutra. [...] considera o homem e o universo como máquinas; é reducionista, pois reduz o todo às partes, e é cartesiano, pois separa o mundo natural-empírico dos outros mundos não verificáveis, como o espiritual-simbólico. [...]

[...] a **crise do paradigma dominante** tem como referências as ideias de Einstein [...], que colocaram o tempo e o espaço absolutos de Newton em debate; Heisenberg e Bohr, cujos conceitos de incerteza e continuum abalaram o rigor da medição; Gödel, que provou a impossibilidade da completa medição e defendeu que o rigor da matemática carece ele próprio de fundamento; Ilya Prigogine, que propôs uma nova visão de matéria e natureza. O homem encontra-se num momento de revisão sobre o rigor científico pautado no rigor matemático e de construção de novos paradigmas [...].

O **paradigma emergente** deve se alicerçar nas premissas de que todo o conhecimento científico-natural é científico-social, todo conhecimento é local e total (o conhecimento pode ser utilizado fora do seu contexto de origem), todo conhecimento é autoconhecimento (o conhecimento analisado sob um prisma mais contemplativo que ativo), todo conhecimento científico visa constituir-se em senso comum (o conhecimento científico dialoga com outras formas de conhecimento, deixando-se penetrar por elas).

Para Santos [1988, p. 64], a ciência encontra-se num movimento de transição de uma racionalidade ordenada, previsível, quantificável e testável, para uma outra que enquadra o acaso, a desordem, o imprevisível, o interpenetrável e o interpretável. (Fonseca, 2002, p. 11-12, grifo do original)

Cada ciência apresenta recursos estabelecidos por sua própria natureza, mas sua apresentação deve obedecer a uma norma. Como são muitas as definições de *ciência* encontradas na literatura científica, evidenciaremos somente as mais expressivas para este estudo.

1.3 Critérios de cientificidade

Cientificidade refere-se à qualidade de ciência que habilita o processo ou o método como científico. Na pesquisa, ela é diretamente proporcional à forma como é empregada, ou seja, os métodos utilizados na investigação validam ou não sua qualidade de ciência.

Segundo Bruyne, Herman e Schoutheete (1991), as normas de cientificidade são essenciais no processo de estruturação do conhecimento. Para Minayo et al. (1994, p. 12), o trabalho científico avança sempre em duas direções: "numa, elabora suas teorias, seus métodos, seus princípios e estabelece seus resultados; noutra, inventa, ratifica seu caminho, abandona certas vias e encaminha-se para certas direções privilegiadas".

Demo (2008) descreve os critérios de cientificidade normalmente indicados na literatura científica. Para mais detalhes sobre esse assunto, propomos o estudo detalhado na seção "Bibliografia comentada". Por ora, conforme sistematização de Prodanov e Freitas (2013, p. 17-20, grifo do original), os critérios são:

a) **objeto de estudo bem-definido e de natureza empírica:** delimitação e descrição objetiva e eficiente da realidade empiricamente observável, isto é, daquilo que pretendemos estudar, analisar, interpretar ou verificar por meio de métodos empíricos [...];

b) **objetivação:** tentativa de conhecer a realidade tal como é, evitando contaminá-la com ideologia, valores, opiniões ou preconceitos do pesquisador; [...]

c) **discutibilidade:** significa a propriedade da coerência no questionamento, evitando, conforme Demo (2008, p. 28), "a contradição performativa, ou seja, desfazermos o discurso ao fazê-lo, como seria o caso de pretender montar conhecimento crítico imune à crítica"; trata-se de conjugar crítica e autocrítica, dentro do princípio metodológico de que a coerência da crítica está na autocrítica. Conhecimento científico é o que busca se fundamentar de todos os modos possíveis e imagináveis, mas mantém consciência crítica de que alcança esse objetivo apenas parcialmente, não por defeito, mas por estrutura própria do discurso científico;

d) **observação controlada dos fenômenos:** preocupação em controlar a qualidade do dado e o processo utilizado para sua obtenção;

e) **originalidade:** refere-se à expectativa de que todo discurso científico corresponda a alguma inovação, pelo menos, no sentido reconstrutivo; [...]

f) **coerência:** argumentação lógica, bem-estruturada, sem contradições; critério mais propriamente lógico e formal, significando a ausência de contradição no texto, fluência entre premissas e conclusões, texto bem-tecido como peça de pano sem rasgos, dobras, buracos. [...]

g) **sistematicidade:** parceira da coerência, significa o esforço de dar conta do tema amplamente, sem exigir que se esgote, porque nenhum tema é, propriamente, esgotável; [...]

h) **consistência:** base sólida, "refere-se à capacidade do texto de resistir à contra- argumentação ou, pelo menos, merecer o respeito de opiniões contrárias; em certa medida, fazer ciência é saber argumentar, não só como técnica de domínio lógico, mas sobretudo como arte reconstrutiva." (Demo, 2000, p. 27). [...]

i) **linguagem precisa:** sentido exato das palavras, restringindo ao máximo o uso de adjetivos;

j) **autoridade por mérito:** significa o reconhecimento de quem conquistou posição respeitada em determinado espaço científico e é por isso considerado "argumento"; [...]

k) **relevância social:** os trabalhos acadêmicos, em qualquer nível, poderiam ser mais pertinentes, se também fossem relevantes em termos sociais, ou seja, estudassem temas de interesse comum, se se dedicassem a confrontar-se com problemas sociais preocupantes [...];

l) **ética:** procura responder à pergunta: a quem serve a ciência? [...] A visão ética dedica-se sobremaneira a direcionar tamanha potencialidade para o bem-comum da sociedade [...];

m) **intersubjetividade:** opinião dominante da comunidade científica de determinada época e lugar.

A Figura 1.2 sistematiza os critérios da cientificidade baseados em Demo (2008), ressaltando que o aprimoramento para a pesquisa percorre parâmetros contínuos, representados por um sistema de gráfico contínuo.

Figura 1.2 – Critérios da cientificidade

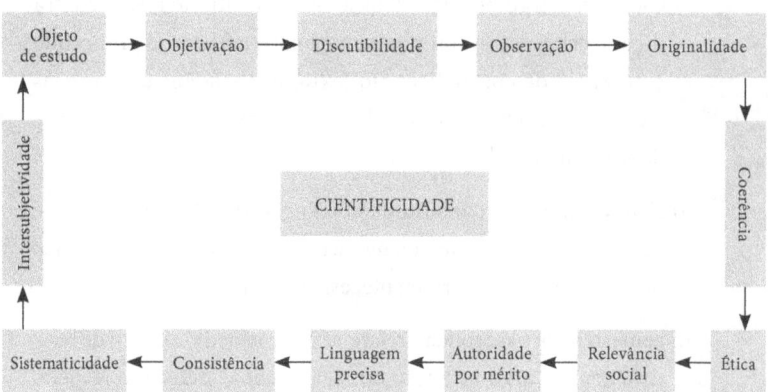

Fonte: Elaborado com base em Demo, 2008.

Desses critérios decorrem outros, uma vez que, certamente, podem ser sistematizados de formas variadas, mas sempre com a comparação crítica, o reconhecimento das pesquisas e a possibilidade de a ciência cumprir sua função de aperfeiçoamento e conhecimento da relação do homem com a natureza. Isso porque os critérios devem dizer algo do objeto que ainda não tenha sido dito, ser útil e fornecer elementos para a verificação das hipóteses e a continuidade da pesquisa.

1.4 Conhecimento científico e conhecimento comum

Existem quatro tipos de conhecimento: de senso comum (ou popular), científico, filosófico e religioso. Nesta seção, destacaremos o **conhecimento científico** e o de **senso comum** (ou **popular**), apresentando as diferenças e as semelhanças entre eles e a importância de se obter o conhecimento científico.

1.4.1 Conhecimento científico

O conhecimento científico deve ser fundamentado em observações e experimentações, com o objetivo de estudar e esclarecer os fatos ocorridos no universo. Isso serve para comprovar a veracidade ou a falsidade de determinada teoria, que deve estar atrelada à lógica da experimentação científica e, para ser reconhecida, à análise de fatos reais e cientificamente comprovados.

Lakatos e Marconi (2007, citados por Prodanov; Freitas, 2013, p. 22) apresentam dois aspectos importantes do conhecimento científico: "a) a ciência não é o único caminho de acesso ao conhecimento e à verdade; b) um mesmo objeto ou fenômeno pode ser observado tanto pelo cientista quanto pelo homem comum; o que leva ao conhecimento científico é a forma de observação do fenômeno".

São características do conhecimento científico: a sistematização do conjunto de ideias, que são a origem de uma teoria; a verificabilidade da ideia ou da teoria, que deve ser validada pelo ponto de vista da ciência, fazendo, assim, parte do conhecimento científico; e a certeza de que determinada ideia ou teoria é defectível, podendo ser derrubada e substituída por novas pesquisas científicas.

O conhecimento científico, diferentemente dos demais conhecimentos, leva-nos não apenas a explicar um fato, mas principalmente a analisá-lo, com vistas a descobrir e esclarecer sua ligação com outros acontecimentos e a compreender a realidade além das aparências. Esse conhecimento pode ser **acumulativo**, quando novos conhecimentos substituem os já existentes ou são agregados a eles; **benéfico**, quando contribui para o aprimoramento da humanidade; **analítico**, quando procura assimilar uma circunstância ou um acontecimento global por meio de seus segmentos; **comunicável**, uma vez que pode ser o agente do progresso da ciência; e **preditivo**, pois, por meio do acúmulo de experiências, pode descrever o passado e fazer um prognóstico do futuro (Prodanov; Freitas, 2013).

1.4.2 CONHECIMENTO COMUM

O conhecimento de senso comum, ou popular, é adquirido pelo homem por meio de experiências, vivências e observações do mundo. Caracteriza-se por conhecimentos empíricos acumulados ao longo da vida e passados, de alguma forma, de geração a geração. Portanto, é um saber que não se baseia em teorias científicas, mas no modo comum e espontâneo de assimilar informações e conhecimentos úteis no cotidiano.

Segundo Ferrari (1974), o conhecimento popular é adquirido pela experiência que temos com alguma coisa, seja pessoal, seja fruto de suposições. Para Prodanov e Freitas (2013, p. 21), "é uma informação íntima que não foi suficientemente refletida para ser reduzida a um modelo ou uma fórmula geral, dificultando, assim, sua transmissão de uma pessoa a outra, de forma fácil e compreensível".

De acordo com Lakatos e Marconi (2007, p. 77, citado por Prodanov; Freitas, 2013, p. 21-22), o conhecimento popular é predominantemente

- superficial, isto é, conforma-se com a aparência, com aquilo que se pode comprovar simplesmente estando junto das coisas: expressa-se por frases como "porque o vi", "porque o senti", "porque o disseram", "porque todo mundo diz";

- sensitivo, ou seja, referente a vivências, estados de ânimo e emoções da vida diária;

- subjetivo, pois é o próprio sujeito que organiza suas experiências e conhecimentos, tanto os que adquire por vivência própria quanto os "por ouvi dizer";

- assistemático, pois esta "organização" das experiências não visa a uma sistematização das ideias, nem na forma de adquiri-las nem na tentativa de validá-las;

- acrítico, pois, verdadeiros ou não, a pretensão de que esses conhecimentos o sejam não se manifesta sempre de uma forma crítica.

Na opinião de Lakatos e Marconi (2007), o que distingue o conhecimento científico do popular são os meios, os procedimentos, os métodos e os instrumentos com que cada um deles é adquirido.

O chamado *conhecimento popular*, passado de geração a geração e fundamentado em observações ou experiências pessoais, distingue-se do conhecimento científico também pela falta de embasamento teórico – necessário à ciência –, mas não deixa de ser conhecimento.

Com base nessas definições dos conhecimentos científico e comum, Prodanov e Freitas propõem o seguinte quadro comparativo:

Quadro 1.2 – Características dos conhecimentos científico e comum

CONHECIMENTO CIENTÍFICO	CONHECIMENTO POPULAR
real – lida com fatos.	**valorativo** – baseado nos valores de quem promove o estudo.
contingente – sua veracidade ou falsidade é conhecida por meio da experiência.	**reflexivo** – não pode ser reduzido a uma formulação geral.
sistemático – forma um sistema de ideias e não conhecimentos dispersos e desconexos.	**assistemático** – baseia-se na organização de quem promove o estudo, não possui uma sistematização das ideias que explique os fenômenos.

(continua)

(Quadro 1.2 – conclusão)

CONHECIMENTO CIENTÍFICO	CONHECIMENTO POPULAR
verificável ou demonstrável – o que não pode ser verificado ou demonstrado não é incorporado ao âmbito da ciência.	**verificável** – porém limitado ao âmbito do cotidiano do observador.
falível e aproximadamente exato – por não ser definitivo, absoluto ou final. Novas técnicas e proposições podem reformular ou corrigir uma teoria já existente.	**falível e inexato** – conforma-se com a aparência e com o que ouvimos dizer a respeito do objeto ou fenômeno. Não permite a formulação de hipóteses sobre a existência de fenômenos situados além das percepções objetivas.

Fonte: Adaptado de Lakatos; Marconi, 2007, p. 77, citados por Prodanov; Freitas, 2013 p. 23, grifo do original.

O objetivo fundamental da ciência é alcançar a veracidade dos fatos. Segundo Gil (2008, p. 8), "neste sentido não se distingue de outras formas de conhecimento. O que torna, porém, o conhecimento científico distinto dos demais é que tem como característica fundamental a sua verificabilidade". O autor acrescenta que, para "que um conhecimento possa ser considerado científico, torna-se necessário identificar as operações mentais e técnicas que possibilitam sua comprovação" (Gil, 2008, p. 8).

Conforme Prodanov e Freitas (2013), *método* é o caminho para se chegar a determinada conclusão, e *método científico*, a soma de procedimentos intelectuais e técnicos para se atingir o conhecimento.

Assim, para atingir seus objetivos, a investigação científica está sujeita a um conjunto de procedimentos intelectuais e técnicos: são os métodos científicos, isto é, "o conjunto de processos ou operações mentais que devemos empregar na investigação" (Prodanov; Freitas, 2013, p. 24). Esses autores esclarecem que os "métodos que fornecem as bases lógicas à investigação são: dedutivo, indutivo, hipotético-dedutivo, dialético e fenomenológico" (Prodanov; Freitas, 2013, p. 24).

> Vários pensadores do passado manifestaram o desejo de definir um método universal que fosse aplicado a todos os ramos do conhecimento. Hoje, porém, os cientistas e filósofos da ciência preferem

falar numa diversidade de métodos, que são determinados pelo tipo de objeto a investigar e pela classe de proposições a descobrir. Assim, podemos afirmar que a Matemática não tem o mesmo método da Física e que esta não tem o mesmo da Astronomia. (Prodanov; Freitas, 2013, p. 24)

1.5 Métodos de investigação científica

Mudanças na maneira de o homem enxergar a si e o mundo que o cerca fizeram o método científico despontar, possibilitando a institucionalização da ciência no século XVII. Esse modelo de pesquisa, nascido na Europa no século XIX, foi introduzido na América Latina apenas depois da Segunda Guerra Mundial. Nos anos 1950 e 1960, foram desenvolvidos conselhos nacionais para promover e financiar tanto pesquisas científicas quanto ciência e tecnologia (Carvalho, 1998). Lakatos e Marconi (2007, p. 83) afirmam que "a utilização de métodos científicos não é da alçada exclusiva da ciência, mas não há ciência sem o emprego de métodos científicos".

Segundo Bicudo (2011, p. 22), "a interrogação é correlata ao interrogado e a quem interroga. Essa complexidade não pode ser ignorada ou menosprezada". Isso ocorre porque o ser humano é curioso e quer saber sobre tudo o que o cerca. Ele procura respostas para interpretar o mundo em que vive e atribui conceitos significativos à sua realidade, que pode ser diferente de outras. O entendimento de quem interroga e o de quem é interrogado evidenciam a existência de diversos caminhos para conectar **educação** com **matemática** e produzir conhecimentos.

São necessárias regras determinadas antecipadamente e procedimentos gerais para que a investigação científica se aproxime do fenômeno estudado, possibilitando o questionamento e a associação dos movimentos do conhecimento. Em outras palavras, toda investigação científica precisa de métodos que permitam o alcance do conhecimento. Assim, o estudo dos procedimentos de investigação intitulado *metodologia de investigação* compreende a justificativa e a discussão de sua lógica e a análise dos inúmeros métodos comumente utilizados nas investigações científicas.

Segundo Fávero (2007, p. 1-2), o único meio legítimo de se obter conhecimento é o científico, "a proposta de uma nova epistemologia científica baseada no exame das conexões entre as áreas de conhecimento e aqueles que fazem uso delas, assim como a sociedade na qual ela se desenvolve".

O conhecimento científico é concebido por meio da prática. Não basta criar uma teoria ou afirmar uma hipótese; é necessário testar, comprovar e assegurar. Portanto, como mencionamos anteriormente, há regras essenciais de procedimentos, observações, hipóteses, métodos de pesquisa e conclusão.

De acordo com Renato Vicente (2008, p. 12, grifo do original), cada "área é constituída por um conjunto de técnicas especializadas, mas que compartilham um conjunto de princípios gerais, os quais denominamos **Método Científico**".

Figura 1.3 – *Conjunto de princípios gerais*

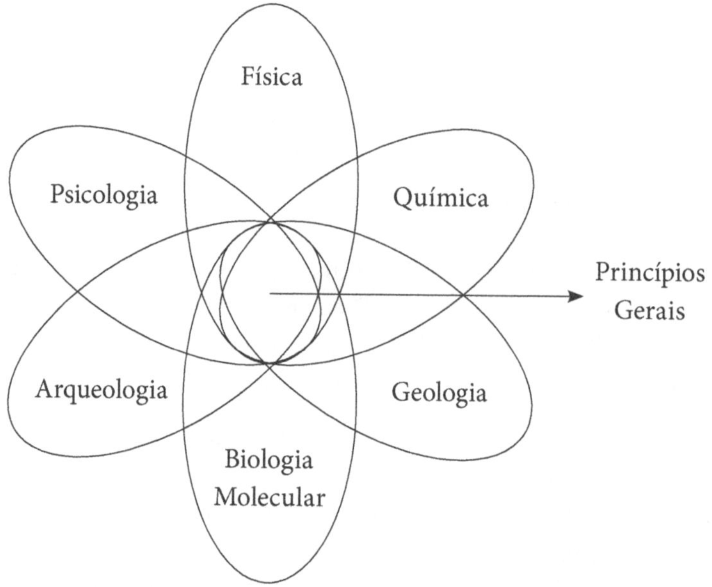

Fonte: Adaptado de Vicente, 2008, p. 12.

Prodanov e Freitas (2013, p. 27) asseveram que a "utilização de um ou outro método depende de muitos fatores: da natureza do objeto que pretendemos pesquisar, dos recursos materiais disponíveis, do nível de abrangência do estudo e, sobretudo, da inspiração filosófica do pesquisador".

Com o intuito de percorrer caminhos que possibilitem um quadro geral dos métodos científicos, de modo a descrevê-los, registrá-los, compreendê-los, explicá-los e comprová-los, vamos abordá-los, por meio da teoria, em duas etapas:

1. métodos de abordagem, conhecidos como *métodos gerais*;
2. métodos de procedimentos, conhecidos como *métodos discretos* ou *específicos*.

Cabe ressaltarmos que não será possível abordar somente métodos para a matemática, pois, quando se trata de pesquisa, o princípio geral do método científico é englobar todas as áreas.

1.5.1 Métodos de abordagem

Os métodos de abordagem, conhecidos também como *métodos gerais*, oferecem ao pesquisador bases lógicas da investigação científica e dos fatos da natureza e da sociedade e estabelecem a ruptura do senso comum. São empregados por meio da abstração, que possibilita ao investigador tomar decisões acerca da pesquisa, das regras de explicação dos fatos e da validade de suas generalizações para esclarecer os procedimentos lógicos da investigação científica.

Os métodos gerais são os seguintes: dedutivo, indutivo, hipotético-dedutivo, dialético e fenomenológico. Comentaremos, na sequência, cada um deles.

1.5.1.1 Método indutivo

Galileu foi o precursor da indução experimental, conhecida como *método indutivo*. Segundo Lakatos e Marconi (2000, p. 71), Francis Bacon foi o "sistematizador do Método Indutivo, pois a técnica de raciocínio da indução já existia desde Sócrates e Platão".

Indução é um modo de "raciocínio que parte de dados particulares (fatos, experiências, enunciados empíricos) e, por meio de uma sequência de operações cognitivas, chega a leis ou conceitos mais gerais, indo dos efeitos à causa, das consequências ao princípio, da experiência à teoria" (Houaiss; Villar, 2009).

De acordo com Prodanov e Freitas (2013, p. 28), "a indução parte de um fenômeno para chegar a uma lei geral por meio da observação e da experimentação, visando a investigar a relação existente entre dois fenômenos para se generalizar".

No método indutivo, portanto, o investigador, com base na observação de casos particulares, chega a uma lei geral. O método requer alguns procedimentos, como:

- **Observação** – Baseada na descoberta de relação entre os fenômenos observados, é a primeira parte de uma investigação científica; é nela que a ideia surge e as perguntas sobre a importância dos fatos são feitas.

- **Hipótese** – Teoria que admite fatos que podem ser verdadeiros ou falsos. Realizada por meio de experimentos e testes, serve como explicação para estudos ou outras aprendizagens, desde que sejam casos similares. Para a hipótese, há necessidade de verificação, construção de generalizações e confirmação.

No método indutivo, dois pressupostos sustentam a ideia da **existência**: o primeiro entende que determinadas causas produzem sempre os mesmos efeitos, sob as mesmas circunstâncias e determinações, e o segundo, que a verdade observada em situações investigadas se torna verdade para toda situação universal correspondente (Ferreira, 1998).

A inferência de questionamentos leva a um exercício para o pensar, "cujo caminho é feito de observações particulares (premissa), tomadas a priori como verdadeiras, a generalizações conceituais (conclusões), que podem ser verdadeiras. A verdade não está implícita na conclusão". (Diniz; Silva, 2008, p. 4). A seguir, um exemplo clássico de Lakatos e Marconi (2000, p. 63):

> Todos os cães que foram observados tinham um coração.
> Logo, todos os cães têm um coração.

Com relação a esse exemplo, se a premissa "todos os cães que foram observados tinham um coração" é verdadeira, pode-se induzir, então, a conclusão "Logo, todos os cães têm um coração". Aqui, observamos que o método indutivo busca ampliar o alcance de seus conhecimentos por meio de generalizações conceituais.

1.5.1.2 Método dedutivo

Comprovar por **dedução** (palavra que deriva do verbo *deduzir*, do latim *deducĕre*) significa tirar conclusões de um princípio, uma proposição ou uma suposição. É um tipo de raciocínio lógico cuja origem é atribuída aos gregos, com os argumentos de Aristóteles, e que, mais tarde, foi desenvolvido por Descartes.

O método dedutivo tenta explicar fenômenos particulares partindo de teorias e leis tidas como gerais e universais. Segundo Diniz e Silva (2008, p. 6, grifo do original),

> O exercício metódico da dedução parte de enunciados gerais (leis universais) que supostos constituem as **premissas** do pensamento racional e deduzidas chegam a **conclusões**. O exercício do pensamento pela razão cria uma operação na qual são formuladas **premissas** e as **regras** de conclusão que se denominam **demonstração**.

Segue um exemplo clássico de Lakatos e Marconi (2000, p. 63):

> Todo mamífero tem um coração.
> Ora, todos os cães são mamíferos.
> Logo, todos os cães têm um coração.

O desfecho seria falso se uma das premissas – "Todo mamífero tem um coração" ou "Ora, todos os cães são mamíferos" – fosse falsa. Assim, "a função do método dedutivo é explicar o conteúdo de suas premissas, consideradas universais" (Diniz; Silva, 2008, p. 6). Portanto, para que a conclusão seja apontada como verdadeira, todas as premissas devem ser verdadeiras e a verdade da conclusão já deve estar implícita nelas.

Segundo o entendimento clássico, o método dedutivo parte do geral para o particular. De acordo com Gil (2008, p. 9), parte de princípios considerados "verdadeiros e indiscutíveis", com a possibilidade de chegar a conclusões de modo meramente formal, exclusivamente pela lógica.

Vale ressaltarmos que o método dedutivo, proposto por racionalistas, como Descartes, Spinoza e Leibniz, pressupõe que "só a razão é capaz de levar ao conhecimento verdadeiro" (Prodanov; Freitas 2013, p. 27). Seu objetivo é esclarecer a natureza das premissas por meio de uma sequência de raciocínio em ordem descendente, em que, analisando-se do geral para o particular, chega-se a uma conclusão.

Quadro 1.3 – *Comparação entre os métodos indutivo e dedutivo*

Indutivo	Dedutivo
I. Se todas as premissas são verdadeiras, a conclusão é provavelmente verdadeira, mas não necessariamente verdadeira.	I. Se todas as premissas são verdadeiras, a conclusão *deve* ser verdadeira.
II. A conclusão encerra informação que não estava, nem implicitamente, nas premissas.	II. Toda a informação ou o conteúdo fatual da conclusão já estava, pelo menos implicitamente, nas premissas.

Fonte: Adaptado de Lakatos; Marconi, 2007, p. 92.

Conforme Lakatos e Marconi (2007, p. 92), "os dois tipos de argumentos têm finalidades diversas – o dedutivo tem o propósito de explicar o conteúdo das premissas; o indutivo tem o desígnio de ampliar o alcance dos conhecimentos". Assim, segundo as autoras, "os argumentos indutivos aumentam o conteúdo das premissas com o sacrifício da precisão, ao passo que os argumentos dedutivos sacrificam a ampliação do conteúdo para atingir a 'certeza'" (Lakatos; Marconi, 2007, p. 92).

1.5.1.3 Métodos hipotético-dedutivo e hipotético-indutivo

O método hipotético-dedutivo surgiu com as críticas de Karl Popper (1902-1994) à indução, na obra *A lógica da investigação científica*, publicada em 1935. Segundo Prodanov e Freitas (2013, p. 26), Popper recomenda que o método indutivo "seja substituído por um modelo **hipotético-dedutivo**, ressaltando que o que deve ser testado não é a possibilidade de verificação, mas sim a de refutação de uma hipótese".

A indução, conforme Popper, não se justifica, "pois o salto indutivo de 'alguns' para 'todos' exigiria que a observação de fatos isolados atingisse o infinito, o que nunca poderia ocorrer, por maior que fosse a quantidade de fatos observados" (Gil, 2008, p. 12). Lakatos e Marconi (2007) afirmam que o método de Popper é de "eliminação de erros" e pode ser operacionalizado cumprindo-se as seguintes etapas:

- identificação do problema – quando os conhecimentos disponíveis sobre o assunto são insuficientes para explicar um fenômeno;
- formulação das hipóteses ou conjecturas – afirmações que serão testadas e não podem ser redundantes;
- refutação das hipóteses – teste de falseamento, ou seja, procuram-se evidências empíricas para derrubar a hipótese pela observação e/ou experimentação. (Lakatos; Marconi, 2007, p. 95-96).

O método hipotético-dedutivo contribui para a criação de novos pressupostos teóricos para a pesquisa científica, visto que as hipóteses constituem supostas ou meias verdades e sinalizam que o conhecimento sobre o que se pesquisa não é absoluto. Lakatos e Marconi (2007) propõem um roteiro para essa trajetória metodológica, que pode ser visualizado na Figura 1.4.

Figura 1.4 – Etapas do método hipotético-dedutivo

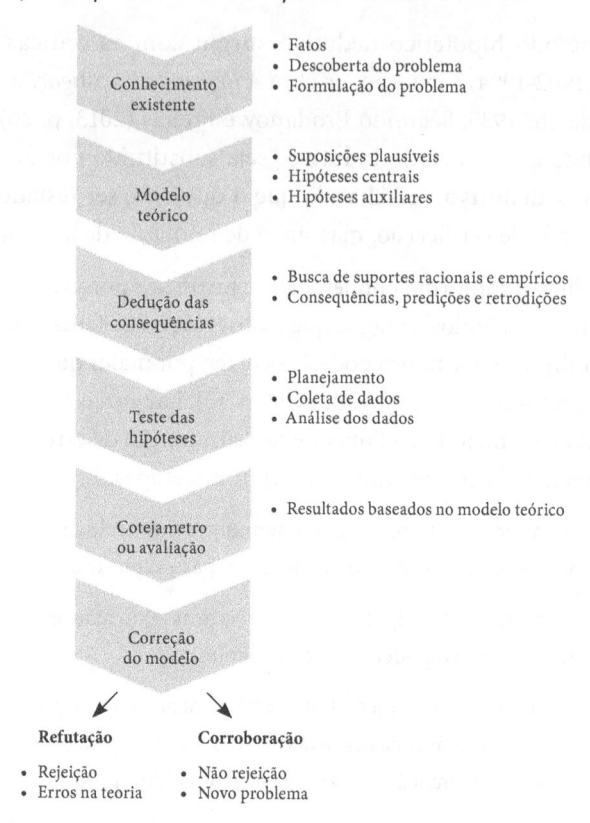

Conhecimento existente
- Fatos
- Descoberta do problema
- Formulação do problema

Modelo teórico
- Suposições plausíveis
- Hipóteses centrais
- Hipóteses auxiliares

Dedução das consequências
- Busca de suportes racionais e empíricos
- Consequências, predições e retrodições

Teste das hipóteses
- Planejamento
- Coleta de dados
- Análise dos dados

Cotejametro ou avaliação
- Resultados baseados no modelo teórico

Correção do modelo

Refutação
- Rejeição
- Erros na teoria

Corroboração
- Não rejeição
- Novo problema

Fonte: Elaborado com base em Lakatos; Marconi, 2007.

No método hipotético-indutivo, a elaboração dos conceitos origina-se na observação e o parâmetro é de natureza empírica. Dessa forma, novas hipóteses são construídas e o modelo é submetido à prova dos fatos.

De acordo com Quivy e Campenhoudt (1995), as duas abordagens se associam, uma vez que os modelos de pesquisa praticados abrangem dedução e indução. A Figura 1.5 representa um esquema dos métodos hipotético-indutivo e hipotético-dedutivo.

Figura 1.5 – Métodos hipotético-dedutivo e hipotético-indutivo

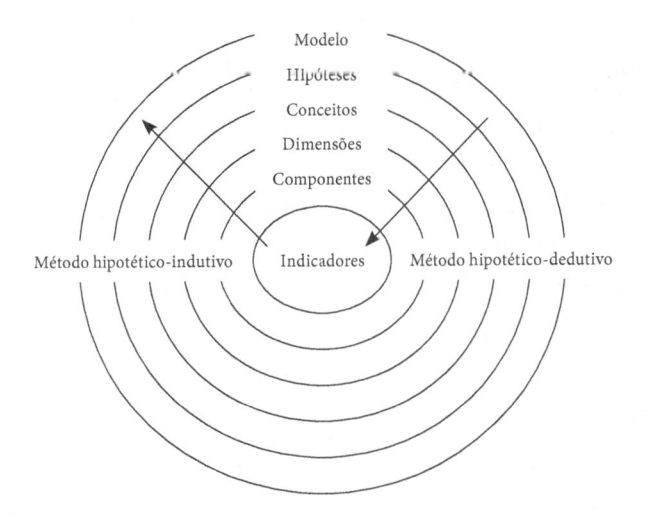

[Diagrama de círculos concêntricos com os níveis: Modelo, Hipóteses, Conceitos, Dimensões, Componentes, Indicadores. Setas indicam: Método hipotético-indutivo (de fora para dentro) e Método hipotético-dedutivo (de dentro para fora).]

Fonte: Adaptado de Quivy; Campenhoudt, 1995, p. 150, tradução nossa.

Podemos observar que a construção de ambos os métodos se completa, proporcionando uma etapa importante do processo de elaboração de uma pesquisa (trataremos desse assunto no Capítulo 2), pois conduz o pesquisador, quase que naturalmente, à elaboração da metodologia e, em seguida, à coleta de dados.

1.5.1.4 Método dialético

Dialética é sinônimo de *diálogo, debate, discussão*. Para pensadores como Platão e Sócrates, era também sinônimo de *filosofia*, uma vez que aquele considerava que somente por meio do diálogo o filósofo conseguiria alcançar o "verdadeiro conhecimento" e chegar ao mundo das ideias (Carneiro; Cesarino; Melo Neto, 2002). Para Aristóteles, a dialética "é a lógica do provável, do processo racional que não pode ser demonstrado" (Rodrigues, 2010, p. 77). Kant retoma a concepção de Aristóteles, visto que define a dialética como a lógica da aparência/ilusão.

Vale destacarmos que, na Antiguidade – na Idade Média, por exemplo – o termo significava "lógica". O método dialético atingiu seu ápice com Hegel, que propôs que, na dialética, as contradições transcendem e requerem novas soluções. É utilizado em pesquisas qualitativas, em que os fatos não podem ser considerados fora de um contexto social, político e econômico (Gil, 2008). Posteriormente, esse método foi revisado por Karl Marx, que interpretou a realidade com base na suposição de que todos os fenômenos têm "características contraditórias organicamente unidas e indissolúveis" (Prodanov; Freitas, 2013, p. 34).

Gil (2008) explica que as leis fundamentais do materialismo dialético são divididas em três grandes princípios: a primeira, unidade dos opostos; a segunda, quantidade e qualidade; e a última, negação da negação.

O método dialético parte do princípio de que tudo se relaciona e se modifica na natureza e de que há uma contradição própria para cada fenômeno. Assim, o pesquisador precisa compreender determinado fenômeno/objeto e investigar todas as suas perspectivas, relações e conexões, sem considerar o "conhecimento como algo rígido, já que tudo no mundo está sempre em constante mudança" (Prodanov; Freitas, 2013, p. 35).

1.5.1.5 Método fenomenológico

De acordo com Gil (2008, p. 14, citado por Prodanov; Freitas, 2013, p. 35), o "método fenomenológico, tal como foi apresentado por Edmund Husserl (1859-1938), propõe-se a estabelecer uma base segura, liberta de proposições, para todas as ciências". O método objetiva o dado – sem se preocupar se este é a realidade ou uma aparência – e não é dedutivo nem empírico.

1.5.2 Métodos de procedimentos

Os métodos de procedimentos, conhecidos como *métodos discretos* ou *específicos*, são os meios técnicos de investigação seguidos pelo pesquisador para determinada área de conhecimento. O que define os procedimentos a serem utilizados é o método escolhido, desde a coleta de dados até as análises. Em uma investigação, pode acontecer a união de dois ou mais métodos, na medida em que um único pode não ser suficiente para nortear todos os procedimentos da pesquisa.

Segundo Gil (2008, p. 15), esses "métodos têm por objetivo proporcionar ao investigador os meios técnicos para garantir a objetividade e a precisão no estudo dos fatos sociais". Entre os métodos de procedimentos adotados nas ciências sociais estão o histórico, o experimental, o observacional, o comparativo, o estatístico, o clínico e o monográfico. Comentaremos, na sequência, cada um deles.

1.5.2.1 MÉTODO HISTÓRICO

O método histórico, fundamentado em estudos de dados qualitativos, parte do princípio de que as formas de vida social e os costumes atuais têm origem no passado e de que a pesquisa é fundamental para estudar suas raízes e compreender sua natureza e sua função (Prodanov; Freitas, 2013).

Segundo Lakatos e Marconi (2007, p. 107), "as instituições alcançaram sua forma atual através de alterações de suas partes componentes, ao longo do tempo, influenciadas pelo contexto cultural particular de cada época". Para uma melhor percepção do papel que as instituições exercem na sociedade, é necessário reportar-se à época de sua formação e analisar suas modificações.

1.5.2.2 MÉTODO COMPARATIVO

Utilizado por Tylor em 1889, em um estudo intitulado "On a Method of Investigating the Development of Institutions; Applied to Laws of Marriage and Descent" (em tradução livre, "Sobre um método de investigação do desenvolvimento das instituições aplicado às leis do matrimônio e de parentesco"), o método comparativo desempenha um papel central na história da antropologia social ou cultural. Conforme Lakatos e Marconi (2007), analisa o dado concreto e é utilizado em estudos (qualitativos e quantitativos) de grande abrangência e de setores definidos.

O método comparativo é aplicado no estudo de semelhanças e diferenças entre variados tipos de grupos e sociedades, objetivando um maior entendimento do comportamento humano. Trata da explicação dos fenômenos, permitindo uma análise do dado concreto e inferindo sobre "os elementos constantes, abstratos e gerais" (Lakatos; Marconi, 2007, p. 107).

Esse método provém da "investigação de indivíduos, classes, fenômenos ou fatos, com vistas a ressaltar as diferenças e as similaridades entre eles" (Gil, 2008, p. 16). Algumas vezes, em comparação a outros, é considerado o método mais superficial, mas seus procedimentos podem ser desenvolvidos por meio de controle rigoroso, acarretando resultados com alto grau de generalização (Prodanov; Freitas, 2013).

1.5.2.3 Método experimental

A origem histórica do método experimental se deu em relação a novas interações entre o homem e a natureza. Nesse sentido, foi uma prática rotineira aceita na investigação que estimulou a compreensão do mundo e foi vista nos esforços de Galileu e nas influências de René Descartes e de tantos outros filósofos ou pesquisadores. Nos quatro últimos séculos, grande parte do conhecimento obtido se deve ao emprego do método experimental – o método das ciências naturais por excelência.

Segundo Gil (2008), o método basicamente submete o objeto de estudo à ação de determinadas variáveis, em condições discretas e conhecidas pelo pesquisador, com o objetivo de analisar que resultados as variáveis provocam em tal objeto.

Prodanov e Freitas (2013, p. 37), por sua vez, afirmam que o método tem limitações "no campo das ciências sociais", por questões éticas e técnicas, já que demanda procedimentos rigorosos no contexto laboratorial, uma vez que os resultados da variável independente se devem às alterações na variável dependente.

O método experimental, encontrado na tradição química ou da alquimia, teve aplicação subsequente na medicina, principalmente em anatomia e fisiologia. Ele exige esforço para lidar com a evolução e a influência do tempo e com a compreensão do mundo.

1.5.2.4 Método observacional

O método observacional foi utilizado em um estudo de Charles Darwin (1809 1882) realizado em 1872 e elaborado com a "utilização das técnicas de observação sistemática para coleta de dados sobre os comportamentos emocionais dos animais" (Vieira; Britto, 2008, p. 123). Com base nos estudos de Hutt e Hutt (1974) e Fagundes (1985), Vieira e Britto (2008, p. 123) apontam que, desde então, "estudos observacionais do comportamento se tornaram frequentes, principalmente na década de 20 e início da década de 30".

> O método observacional é um dos mais utilizados nas ciências sociais e apresenta alguns aspectos curiosos. Por outro lado, pode ser considerado como o método mais primitivo e, consequentemente, o mais impreciso. Mas, por outro lado, pode ser tido como um dos mais modernos, visto ser o que possibilita o mais elevado grau de precisão nas ciências sociais. (Gil, 2008, p. 16)

Destacamos que o método observacional difere do experimental em alguns aspectos: "nos experimentos o cientista toma providências para que alguma coisa ocorra, a fim de observar o que se segue, ao passo que no estudo por observação apenas observa algo que acontece ou já aconteceu" (Gil, 2008, p. 16).

Segundo Vieira e Britto (2008, p. 129), baseados em Hutt e Hutt (1974), para determinados problemas ou para o estudo de certos assuntos, a observação do comportamento é primordial, uma vez que, para mudarmos dado comportamento, precisamos antes conhecê-lo, a fim de definir o que deve ser modificado. A observação leva a informações detalhadas sobre o comportamento do organismo estudado.

Dessa forma, em ciências sociais, algumas investigações utilizam unicamente o método observacional e outras o utilizam em conjunto com outros métodos.

1.5.2.5 Método estatístico

O método estatístico foi utilizado por Quetelet (1796-1874) no início do século XIX. O astrônomo, matemático, estatístico e sociólogo supunha ser possível estendê-lo para todo tipo de fenômeno humano.

Conforme Gil (2008, p. 17), esse método se fundamenta "na aplicação da teoria estatística da probabilidade e constitui importante auxílio para a investigação em ciências sociais". Segundo Prodanov e Freitas (2013, p. 38), as explicações obtidas com a utilização de métodos e técnicas estatísticos "não devem ser consideradas absolutamente verdadeiras, mas portadoras de boa probabilidade de serem verdadeiras". É importante não subestimar as análises do investigador.

Por meio de testes estatísticos, é possível "determinar, em termos numéricos, a probabilidade de acerto de determinada conclusão, bem como a margem de erro de um valor obtido" (Gil, 2008, p. 17). Assim, "o método estatístico passa a caracterizar-se por razoável grau de precisão, o que o torna bastante aceito por parte dos pesquisadores com preocupações de ordem quantitativa" (Gil, 2008, p. 17).

Os processos estatísticos fornecem conjuntos simplificados e confiáveis para o melhor entendimento e a descrição racional do objeto estudado, sem deixar de lado a experimentação e a prova, visto que o método é de análise (Lakatos; Marconi, 2007). No uso do método estatístico, existem fases/etapas a serem seguidas, conforme a representação a seguir.

Figura 1.6 – Fases do método estatístico

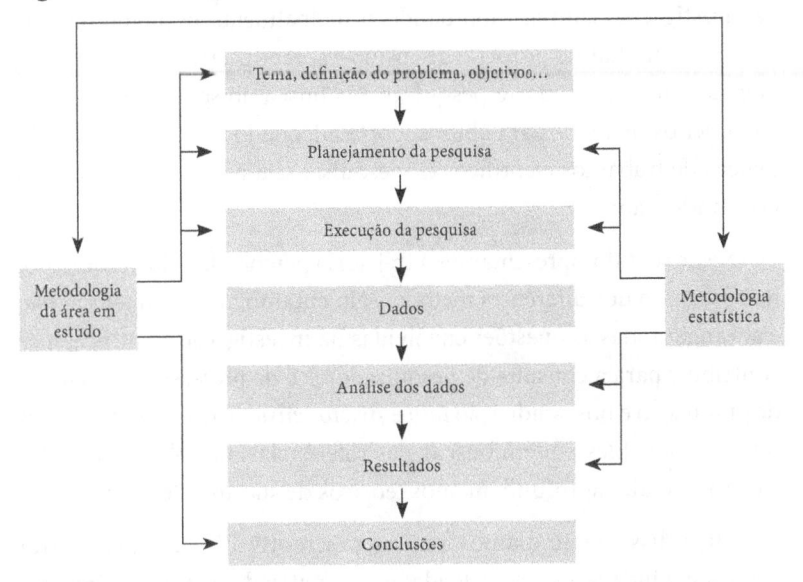

```
Metodologia                Tema, definição do problema, objetivos...              
da área em         →            ↓                                    
estudo             →       Planejamento da pesquisa           ←      Metodologia
                   →            ↓                             ←      estatística
                           Execução da pesquisa               ←
                                ↓
                           Dados
                                ↓
                           Análise dos dados                  ←
                                ↓
                           Resultados                         ←
                                ↓
                           Conclusões
```

Fonte: Adaptado de Barbetta, 2006, p. 23.

O método estatístico identifica um problema e, ao levantar uma informação, cria hipóteses para explicá-lo. Na sequência, observa sistematicamente a realidade em busca de evidências, dados e informações para verificar e validar a hipótese e, por fim, comunica os resultados de tal forma que a pesquisa possa ser replicada, ou seja, trata-se de uma investigação científica.

SÍNTESE

Os estudos de métodos científicos contribuem para a pesquisa na intenção de explicar o mundo. Além de contestar, aprimorar e criar novas técnicas e teorias, agregam conteúdos para corrigir informações, analisar e integrar dados e resultados ou ampliar novos estudos e fenômenos a serem pesquisados. As evidências empíricas são verificáveis com base na observação, por meio da aplicação de métodos e análises sistemáticas (controladas por hipóteses).

No presente capítulo, visamos facilitar o entendimento e a aplicação da investigação científica, abordando, principalmente, os métodos científicos para auxiliar no processo de ensino e aprendizagem e nas consultas que surgem em estudos e pesquisas. Na busca do saber, é necessário entender os métodos para obter suporte adequado às questões metodológicas de trabalhos científicos de pesquisa, seja na graduação, seja na pós-graduação.

Nesse sentido, apresentamos a trajetória percorrida pelo pesquisador na apreensão dos diferentes métodos. No entanto, nossa pretensão não é abranger todas as questões envolvidas na investigação científica, mas contribuir para a consulta de pesquisadores e de professores de cursos de graduação e pós-graduação *lato* e *stricto sensu*, bem como de demais interessados. Eles podem buscar nas referências, nas obras sugeridas e nas atividades aprofundamentos teóricos de sua área de interesse.

Além disso, estimulamos a busca por motivações para encontrar respostas a indagações, respaldadas e sistematizadas em procedimentos metodológicos pertinentes, uma vez que a atividade de pesquisa requer imaginação criadora, iniciativa, persistência, originalidade, dedicação e planejamento para a obtenção de uma resposta segura sobre a questão que deu origem à problematização.

Atividades de autoavaliação

1. Assinale V para as afirmações verdadeiras e F para as falsas:

    ( ) O conhecimento científico é real, contingente, sistemático, verificável, falível e inexato.

    ( ) O conhecimento do senso comum é valorativo, reflexivo, assistemático, verificável, real, contingente, falível e inexato.

    ( ) *Método científico* é o conjunto de processos ou operações mentais que devem ser empregados na investigação.

    ( ) Os métodos dedutivo, indutivo, hipotético-dedutivo, dialético e fenomenológico fornecem meios técnicos de investigação.

    ( ) Os métodos dedutivo, indutivo, hipotético-dedutivo, dialético e fenomenológico fornecem bases lógicas à investigação.

Marque a alternativa que corresponde à sequência obtida:

a) F, V, V, V, F.
b) V, V, F, F, V.
c) V, V, V, F, V.
d) F, V, V, F, V.

2. Assinale a alternativa **incorreta** quanto à evolução histórica do método científico:

   a) Copérnico, Kepler, Galileu e Newton pertencem aos séculos XVI e XVII, e sua principal contribuição foi a ruptura com as estruturas teológica e epistemológica do período medieval.
   b) A principal contribuição de Hegel, no século XIX, foi o processo histórico.
   c) A principal contribuição de Descartes, entre os séculos XVI e XVII, foi o método indutivo.
   d) As principais contribuições de Euclides, Platão, Aristóteles, Arquimedes, Tales e Ptolomeu, da Grécia Antiga, deram-se no campo metafísico, da geometria, da matemática, da física e da medicina.

3. Assinale V para as afirmações verdadeiras e F para as falsas:

   ( ) O método hipotético-dedutivo, que surgiu com Karl Popper, trata da refutação de uma hipótese.
   ( ) No método indutivo, cujo precursor foi Galileu, se todas as premissas são verdadeiras, a conclusão é provavelmente verdadeira, mas não necessariamente verdadeira.
   ( ) O método dedutivo, desenvolvido por Aristóteles, busca explicar a ocorrência de fenômenos particulares.
   ( ) O método comparativo, utilizado por Tylor, analisa dados abstratos.
   ( ) O método histórico tem origem no passado, com base em pesquisa nas raízes e em estudos de dados qualitativos.
   ( ) O método estatístico, utilizado por Quetelet, é essencialmente aplicado para possibilitar a descrição quantitativa da sociedade, visto que é um tipo de método de abordagem.

Marque a alternativa que corresponde à sequência obtida:
a) V, F, V, V, F, V.
b) V, V, F, F, V, F.
c) V, F, V, V, F, F.
d) V, F, V, F, V, F.

4. Assinale a alternativa que expressa corretamente as definições e os conceitos da investigação científica:

   a) A pesquisa não é um ato do pesquisador, pois necessita de vários conjuntos de atividades que têm por finalidade a descoberta de novos conhecimentos no domínio científico, literário e artístico.

   b) A palavra *ciência*, originada do latim *scientia*, significa "conhecimento". Caracteriza-se como uma tentativa de entender e explicar racionalmente o homem, propondo conhecer somente a teoria em busca das ações da realidade.

   c) A matemática é a ciência que estuda, por meio de método dedutivo, objetos abstratos (números, figuras, funções) e as relações entre eles.

   d) A investigação científica aborda interrogações que somente indicam para onde o olhar se dirige, focando apenas nos fenômenos sociais, em suas perspectivas e seus modos de apresentação, com vistas ao conhecimento da ciência humana.

5. Assinale a alternativa **incorreta** quanto a exemplos e aplicações dos métodos científicos:

   a) Todo homem é mortal. Pedro é homem. Logo, Pedro é mortal – exemplo do método indutivo.

   b) Todos os homens são mortais. Sócrates é homem. Portanto, Sócrates é mortal – exemplo do método dedutivo.

   c) Modo de vida rural e urbano no estado de São Paulo – exemplo do método comparativo.

   d) Verificação da correlação entre nível de escolaridade e número de filhos – exemplo do método estatístico.

Atividades de aprendizagem

Questões para reflexão

1. Analise a charge *Liquidação*, a seguir, e reflita sobre o tema da problematização. Levante as hipóteses da charge que poderiam ser abordadas em uma pesquisa.

2. Reflita sobre o trecho a seguir e comente-o:

   O homem busca, cria e escolhe diversos caminhos para apreender, compreender e explicar os fenômenos naturais e sociais que o cercam. Segundo Diniz e Silva (2008, p. 2), "esses caminhos podem ser percorridos por pontos diferentes, ora pela razão, ora pela percepção, ou então, pela convergência entre esses pontos".

Atividade aplicada: prática

1. Segundo Bruyne, Herman e Schoutheete (1991, p. 9), "o campo científico, apesar de sua normatividade, é permeado por conflitos e tradições. Há os que buscam a uniformidade dos procedimentos para compreender o natural e o social como condição para atribuir o estatuto de ciência". Nas palavras de Minayo et al. (1994, p. 12), "o labor científico caminha sempre em duas direções: numa elabora

suas teorias, seus métodos, seus princípios e estabelece seus resultados; noutra investiga, ratifica seu caminho, abandona certas vias e encaminha-se para certas direções privilegiadas".

Comente as diferenças entre as ideias citadas sobre os critérios de cientificidade.

Pesquisa em educação: natureza e características

Neste capítulo, trataremos da pesquisa em educação abordando sua natureza e as características que a sustentam e a contextualizam. Na pesquisa, prima-se pela qualidade dos dados, em busca de compreensão e interpretação para expressar a investigação científica.

A iniciação à pesquisa científica contribui para o desenvolvimento de formas de pensamento que assegurem ao investigador clareza e aprofundamento do conhecimento, além de desenvolver um poder crítico construtivo e independente dos fatos abordados.

O objetivo da pesquisa é descobrir respostas para questões mediante a aplicação de métodos científicos e conhecer e explicar os fenômenos que ocorrem no mundo. Assim, já no início deste capítulo, é necessário apresentarmos algumas definições para familiarizá-lo com terminologias da estatística fundamentais à pesquisa (Barreta, 2006):

- **Estatística** – Função empírica dos dados, usada para fins descritivos ou analíticos; permite ao pesquisador extrair informações dos dados.
- **População** – Conjunto de elementos que são alvo da pesquisa e podem ser observados ou mensurados.

- **Amostra** – Qualquer subconjunto da população de interesse.
- **Dado** – Valor ou resposta que toma a variável em cada unidade de análise; resultado da observação.
- **Variável** – Característica de interesse que é medida em cada elemento da amostra ou da população. Como o nome diz, seus valores variam de elemento para elemento. As variáveis podem ter valores numéricos ou não numéricos.
- **Parâmetro** – Valor obtido para descrever as características mais importantes dos elementos acerca da população.
- **Estimativa** – Valor da estatística, calculado com base na amostra observada.
- **Inferência** – Conjunto de métodos que permitem inferir o comportamento de uma população com base no conhecimento da amostra (teste de hipótese, intervalo de confiança, valores estimados, entre outros).

Nas diversas seções deste capítulo, mostramos como teve início o desenvolvimento da pesquisa educacional e estimulamos o debate teórico, metodológico, apresentando métodos e etapas de investigação.

2.1 Evolução da pesquisa em educação

Segundo Preti (citado por Martins; Ramos, 2013, p. 6), "pesquisar vem da palavra latina *perquirere*, que significa buscar com cuidado, procurar por toda parte, informar-se". Na pesquisa, os dados evidenciam as informações coletadas sobre a problematização abordada na investigação e o resultado complementa o trabalho, por meio de um estudo do qual surgem a curiosidade e a necessidade de buscar respostas. Para um estudo detalhado, sugerimos, na seção "Bibliografia comentada", Lüdke e André (1986) como referência para consulta.

Os primeiros países a desenvolver algum tipo de trabalho para institucionalizar a ciência e a estabelecer critérios e parâmetros a fim de determinar o que é ou não científico foram a Inglaterra e a França, no século XVII (Schwartzman, 1982).

No século XVIII, despontaram, até mesmo na literatura, os trabalhos dos naturalistas. No Brasil, surgiram "os movimentos Realista, Naturalista e Impressionista", que, influenciados pela ciência newtoniana, procuravam demonstrar a "relação homem/animal a partir de aspectos sociais" (Ferreira, 2009, p. 45).

No Brasil Colônia, não existia pesquisa em educação, uma vez que havia ensino superior apenas em Teologia – só mais tarde foram criados cursos nas áreas de engenharia e medicina. Já no período imperial, tiveram início movimentos a favor da organização de espaços científicos nas universidades, mas de maneira bem acanhada. A época, chamada de *ilustração brasileira*, tinha como personagem principal "Dom Pedro II, tido como protetor da ciência e da cultura" (Ferreira, 2001, 2009, p. 46).

A pesquisa educacional brasileira teve início nos anos 1940, sob o positivismo, corrente filosófica centrada na neutralidade, uma vez que estuda os fatos, não disponibilizando espaço para práticas investigativas. No Brasil, o positivismo cresceu rapidamente, mas seus adeptos não consideravam as características específicas da cultura e da história do país. A corrente era, muitas vezes, alterada e utilizada em sua vertente religiosa, atitude já superada na Europa, onde o "marxismo, o evolucionismo e o uso de métodos experimentais" (Ferreira, 2009, p. 46) já vinham sendo aplicados.

Como o país não conseguia apresentar soluções concretas para os problemas educacionais, na década de 1970, a prática positivista foi sucedida pela de matriz fenomenológica (Altmicks, 2014).

No Brasil, o marxismo veio com o materialismo histórico-dialético, que enfatizava a prática e a intervenção social, tornando-se, assim, perfeito para pesquisas em Educação (Altmicks, 2014). Nos anos 1990, mesmo com forte influência do marxismo, a pesquisa brasileira em educação deu uma pincelada no Estruturalismo e Funcionalismo. "No final da década, surge ainda, uma nova perspectiva epistemológica, associada às teorias da Complexidade" (Altmicks, 2014, p. 387), mas que não se fortaleceu como prática.

Segundo Martins e Ramos (2013, p. 17), "os paradigmas mais trabalhados nas pesquisas em educação são o positivismo, a fenomenologia e o materialismo histórico-dialético". Autores e estudiosos como

André (2007), Martins e Ramos (2013) e Lüdke e André (1986) unem esses paradigmas em dois grupos de abordagem: quantitativa e qualitativa, que serão discutidos mais adiante.

Como se trata de um tema recente, vale reforçarmos que, na década de 1970, a pesquisa brasileira sofria forte influência da pesquisa educacional americana – e continua sofrendo. Naquela época, os Estados Unidos eram o país que mais investia em pesquisa. Até hoje palavras americanas são empregadas no cotidiano do pesquisador, como *design* experimental e *survey*.

Em 1991, em uma reunião da Academia Nacional de Educação (NAE) norte-americana, foi formado um grupo que tinha o objetivo de verificar as "principais questões que cercam a pesquisa e que medidas precisa[va]m ser tomadas para aperfeiçoá-las" (André, 2007, p. 120). Passados dez anos de estudo, o grupo concluiu que, para uma pesquisa de qualidade, é preciso estabelecer diálogo entre "universidades, nas escolas, nas agências de fomento, nas revistas [e na] internet" (André, 2007, p. 120), propiciando condições para se chegar a concepções consensuais do que é uma pesquisa boa ou ruim.

No início do século XX, os maiores investimentos em pesquisa se deram no campo da física, com a produção, por exemplo, da bomba atômica. No Brasil, foram aplicadas tendências científicas distintas nas áreas de biologia e de matemática, vindas, principalmente, da França e da Inglaterra. No entanto, foi da Alemanha que vieram as influências mais significativas, sobretudo, em razão da ampliação de seu modelo educacional e de seu "sistema universitário que aliava pesquisa, ciência e formação profissional" (Ferreira, 2009, p. 46).

No Quadro 2.1, apresentamos alguns fatos e aspectos significativos que não foram comentados anteriormente, mas caracterizam a evolução brasileira da pesquisa em educação.

*Quadro 2.1 – Fatos que contribuíram para a série histórica da pesquisa em educação**

Década	Fatos
1920	• Proposição da criação de um Conselho Nacional de Pesquisa por parte da Academia Brasileira de Ciências (ABC) • Criação da Associação Brasileira de Educação (ABE)
1920 e 1930	• Imigrantes trazem consigo um religioso ou um professor
1930	• Surgimento do Movimento Escola Nova • Criação da Universidade de São Paulo (USP) e do Instituto Nacional de Pesquisas Educacionais (Inep), chamado, na época de sua criação, de *Instituto Nacional de Pedagogia*
1940	• Criação do Conselho Nacional de Pesquisa (CNP) e da Fundação de Amparo à Pesquisa (FAP)
1950	• Criação da Sociedade Brasileira para o Progresso da Ciência (SBPC) e do Conselho Nacional de Pesquisas (CNPq) • Lançamento da *Revista do Professor*, publicada pela Associação Brasileira de Estatística (ABE) • Criação do Instituto de Matemática Pura e Aplicada (Impa) e do Instituto de Pesquisas da Amazônia (Inpa)
1960	• Consolidação da pós-graduação e de diversas instituições no país, como o • Centro Brasileiro de Pesquisas Educacionais (CBPE), braço do Inep
1970	• Publicação da Lei n. 5.692, de 11 de agosto de 1971 (Brasil, 1971), que fixa diretrizes e bases para o ensino de 1º e 2º graus
1990	• Criação da Associação Nacional de Pós-Graduação e Pesquisa em Educação (Anped) e da Associação Nacional de Política e Administração da Educação (Anpae) • A Financiadora de Estudos e Projetos (Finep) e o CNPq incorporam vários institutos de pesquisa

Com o surgimento de instituições, fundações e financiadoras de pesquisa, houve uma explosão de publicações e incentivos a prêmios científicos, com ganhadores, quase que majoritariamente, das áreas

---

* Para visualizar um panorama dessa evolução em pesquisa, basta acessar os anais das Reuniões Anuais da Anped.

científicas ligadas à matemática, à física e à nanotecnologia, ou seja, às ciências aplicáveis na geração de tecnologia.

A comunidade científica se organizou e criou um sistema nacional de programas de pós-graduação em todas as áreas de conhecimento, sendo finalmente instituídos planos nacionais para o desenvolvimento científico e tecnológico do Brasil. Não há dúvida de que todos esses desenvolvimentos fomentam um clima bastante distinto para a atividade científica no país.

No início, as ciências da educação recorreram aos "métodos e procedimentos das suas coirmãs, naturais e exatas" (Altmicks, 2014, p. 387). No entanto, os resultados, na maioria das vezes, foram um fracasso, pois os métodos não eram flexíveis o bastante para abranger todo o universo educacional, com suas inúmeras incoerências. Assim, os modelos adotados nas ciências da educação foram gradativamente se aproximando de uma perspectiva mais subjetiva.

A tendência de pesquisa no contexto educacional compartilhada no país nos últimos anos assenta-se sobre uma perspectiva dialética. O entendimento, a concepção e a evolução da pesquisa em educação sob o ponto de vista histórico decorrem das dificuldades do trabalho nesse campo, principalmente, com relação ao financiamento, por ser um tema ainda em desenvolvimento e por existirem diversas possibilidades de compreensão das práticas pedagógicas.

Produzir pesquisa é ser criativo e atuar na história. É uma atividade coletiva, visto que sua função primordial é dar sentido à atualidade, revendo o significado dos fenômenos e dos problemas que a cercam. Assim, assume o **diálogo** na perspectiva de Freire e Shor (1986): como uma estratégia de elaboração e explicitação de concepções reveladora da relação entre os sujeitos e a realidade, com base na qual ocorrem os processos de conscientização, emancipação e superação de desigualdades.

Quando pensamos na pesquisa em educação, duas palavras surgem de imediato: *professor* e *aluno*. Especialmente no âmbito público, o professor, via de regra, cumpre intermináveis jornadas de trabalho e de estudo e, portanto, não tem condições de desenvolver uma conscientização emancipadora de sua situação nem de propor alterações na educação, por falta de diálogo e pesquisa. Nesse contexto, segundo Ferreira (2009, p. 44), a "pesquisa-ação surge como possibilidade de refletir sobre discursos impostos. É a busca de uma significação através da linguagem".

As perspectivas, nesse sentido, são de avanço na pesquisa educacional. Entretanto, ainda há muito por avançar, sobretudo no que tange ao conhecimento das tendências e do referencial teórico adotado, evitando, assim, a superficialidade do estudo, desenvolvendo o senso crítico e investigando cientificamente. Em síntese, são necessários alguns aspectos bem pontuais:

- uma concepção de ciência que alie os fenômenos educacionais e a pesquisa, sustentada teoricamente e divulgada nos meios educacionais, evitando a confusão teórica;

- uma opção teórico-metodológica efetivamente embasada nos referenciais teóricos dos professores-pesquisadores, sustentável e evidenciada a partir dos caminhos da pesquisa;

- uma avaliação e divulgação de resultados das pesquisas, com periodicidade, com permissão de acesso à comunidade acadêmica à base de dados atualizados e a periódicos que efetivamente sejam publicados em tempos regulares. (Ferreira, 2009, p. 52-53)

O propósito da pesquisa, independentemente do meio ou do método, é que o educador/pesquisador se atualize continuamente, com vistas ao enriquecimento educacional, e discuta suas investigações em vários círculos, a fim de transformar a sala de aula em uma oficina de pesquisa. Destacamos, assim, que a pesquisa em educação deve ser compartilhada e discutida com base na crítica, ou seja, é preciso estudar para obter conhecimento em pesquisa-ação*.

---

* A pesquisa-ação, que abordaremos mais adiante, tem uma metodologia sistemática, buscando transformar a realidade observada por meio da compreensão, do conhecimento e do compromisso do investigador.

2.2 Natureza e característica do objeto e dos métodos de investigação em educação

Observamos, historicamente, discussões epistemológicas a respeito da pesquisa nas ciências naturais, humanas e sociais, que se diferem quanto à natureza e à característica do objeto e dos métodos – ou a ambos os aspectos – e quanto ao interesse de investigação. Em outras palavras, há o embate entre duas visões metodológicas, o que dificulta a realização de pesquisas científicas.

A ciência da educação, surgida no século XIX, teve reconhecimento tardio. Somente em 1954, nos Estados Unidos, foi aprovada a atribuição de bolsas a instituições com programas de pesquisa em educação (Bogdan; Biklen, 1994). Segundo Gamboa (1995, p. 98), cada ciência estabelece uma construção "lógica própria que se identifica com uma visão de mundo e com os interesses que comandam o processo cognitivo", o que leva à existência de técnicas e métodos apropriados ao tema de cada investigação. Há dois posicionamentos epistemológicos:

1. **Positivismo** – Métodos quantitativos.
2. **Interpretacionismo** – Métodos qualitativos.

A prática do método quantitativo do positivismo usa dados de levantamentos amostrais ou outras práticas de contagem, focando o comportamento humano em termos de variáveis dependentes e independentes. Para os pesquisadores/estudiosos, as quantificações dessas variáveis são extremamente valiosas, uma vez que oferecem a oportunidade de aplicar procedimentos estatísticos, por se tratar de análises objetivas dos fenômenos naturais, que exigem o rigor desse tratamento.

O interpretacionismo é um posicionamento metodológico de pesquisa que estuda o homem não como um ser passivo, um objeto, mas como um indivíduo que analisa constantemente o mundo em que vive. Nesse estudo, utilizam-se métodos qualitativos, uma vez que tem como objetivo examinar os seres humanos com toda a sua diversidade. Nesse sentido, Oliveira (2008, p. 3) esclarece que é necessária uma metodologia que leve em consideração as diferenças, pois a vida humana é uma "atividade interativa e interpretativa", principalmente pelo convívio das pessoas, fazendo com que "os procedimentos metodológicos sejam do tipo etnográfico", ou seja, deem-se por meio de observação, entrevista, depoimento etc.

O uso do termo *paradigma* para definir os dois métodos vem impedindo o desenvolvimento e a aplicação de métodos combinados de pesquisa. Segundo Gorard e Taylor (2004), o emprego do termo *paradigma* nas questões qualitativas e quantitativas sobre a lógica da ciência não fornece subsídios à prática do pesquisador; pelo contrário, serve para isolar ainda mais tais abordagens, o que suscita o debate a respeito de outras formas de uso do termo.

Essas discussões nos remetem à natureza da pesquisa em educação, do objeto a ser estudado, dos resultados possíveis e dos instrumentos de pesquisa, cada um com características específicas. Nas próximas seções, portanto, descreveremos ambos os métodos – qualitativo e quantitativo.

2.2.1 MÉTODO QUANTITATIVO

A pesquisa quantitativa analisa números por meio de métodos estatísticos e utiliza testes de hipótese, ou seja, o processo é dedutivo, com validação da teoria.

Na pesquisa educacional, excluídas as análises de dados de avaliações externas ou de rendimento escolar, realizadas em alguns sistemas educacionais no Brasil, poucos estudos empregam metodologias quantitativas. Segundo Gatti (2004), os dados quantitativos são necessários para contextualizar e interpretar os problemas educacionais e, há mais de duas décadas, o estudo disciplinar desses métodos não está contemplado na formação de educadores e de mestres e doutores em educação.

Os dados utilizados no método quantitativo em educação são poucos, o que dificulta o trabalho adequado com as informações coletadas e com os métodos estatísticos em geral. Alguns procedimentos estatísticos, como análise numérica baseada em tabelas e indicadores, são capazes de mostrar dados significativos do ponto de vista qualitativo, mas também podem levar a interpretações que não atestam nada. A leitura e a interpretação do significado dos resultados dependem do pesquisador, que aplica seu conhecimento teórico sobre o assunto.

No método qualitativo, a dificuldade está na leitura crítica e consciente dos dados obtidos, o que acarreta, na área educacional, dois comportamentos típicos: o primeiro é acreditar em todas as informações obtidas, e o segundo, desconsiderar qualquer dado retratado em números, principalmente, por razões ideológicas (Gatti, 2004).

Muitos problemas educacionais poderiam ser entendidos com o uso de métodos de análise de dados numéricos. Porém, para que tanto a abordagem positivista/quantitativa quanto a interpretacionista/qualitativa surtam o efeito desejado, é necessário reflexão por parte do pesquisador, com vistas à obtenção de resultados relevantes com relação ao material levantado e analisado.

Para aplicar o método quantitativo, os dados coletados direta ou indiretamente, pelo pesquisador ou por outra fonte, respectivamente, devem respeitar algumas técnicas e etapas de análise. A pesquisa quantitativa, que tem suas raízes no pensamento positivista lógico, tende a enfatizar o raciocínio dedutivo e recorre à linguagem matemática para descrever as causas de um fenômeno, as relações entre variáveis etc.

As variáveis quantitativas – características que podem ser medidas em uma escala quantitativa/valor numérico – podem ser classificadas em:

- **Variáveis discretas** – Características mensuráveis cujos dados se referem a quantidades inteiras, ao resultado de contagens (número de estudantes, professores ou matrículas, aprovação etc).

- **Variáveis contínuas** – Características mensuráveis cujos dados podem assumir qualquer valor do conjunto dos números reais, ou seja, os valores fracionais fazem sentido (peso, altura, pressão arterial, idade, salário mensal etc.).

Conforme Gil (2008), em grande parte das pesquisas quantitativas são observados os seguintes passos:

- **Estabelecimento de categorias** – Organização em faixas mediante agrupamento. Em uma pesquisa em que os indivíduos tenham idades variadas, por exemplo, seu agrupamento pode ser feito em categorias por faixa etária: menores de x anos, entre x e y anos e maiores de y anos.

- **Codificação e tabulação** – Para Gerhardt et al. (2009, p. 81), "codificação é o processo pelo qual os dados brutos são transformados em símbolos que possam ser tabulados" (ensino fundamental [1], ensino médio [2] etc.). A tabulação, por sua vez, "consiste em agrupar e contar os casos que estão nas várias categorias de análise, [...] na simples contagem das frequências das categorias de cada conjunto" (Gerhardt et al., 2009, p. 81).

- **Análise estatística dos dados** – Processamento de dados com análises descritivas e apresentação em gráficos ou tabelas.

Na análise de dados quantitativos, há procedimentos a serem seguidos, como testes e métodos estatísticos, que não abordaremos por se tratarem de estudos que demandam vários outros conteúdos e por serem bastante explorados nos assuntos de estatística. No entanto, é importante destacar que devemos tratar qualquer tipo de mensuração com os mesmos testes ou métodos estatísticos e atentar para o fato de que há metodologias específicas para cada caso.

2.2.2 Método qualitativo

A pesquisa qualitativa, cujas origens se encontram em várias disciplinas, só foi adotada no final dos anos 1960; contudo, essa abordagem já era utilizada havia um século e era tradição na investigação em antropologia e sociologia. Essa pesquisa surgiu, então, no século XIX, quando, nos Estados Unidos, eventos relacionados à vida cotidiana estavam na base da investigação social, objetivando ações que promovessem mudanças sociais (Bogdan; Biklen, 1994).

Nos anos 1980 e 1990, os estudos qualitativos se modificaram e houve a inclusão de um conjunto de diferentes métodos, técnicas e análises, "que vão desde os estudos antropológicos e etnográficos, as pesquisas participantes, os estudos de caso até a pesquisa-ação e as análises de discurso, de narrativas, de histórias de vida" (André, 2005b, p. 30). Nos últimos 20 anos, percebeu-se um crescimento considerável dos estudos qualitativos nas pesquisas em educação.

A análise das pesquisas positivistas refutou os parâmetros utilizados na avaliação dos trabalhos educacionais. Os estudos sobre métodos qualitativos ofertaram vários critérios alternativos, os quais, por vezes, contrariavam os já existentes e respeitados.

Os estudos qualitativos descrevem o que está explícito sem critérios teóricos definidos, e as análises não têm metodologia precisa, gerando dados insuficientes e sem "percepção crítica, uma vez que há precariedade na documentação e análise dos documentos" (Gatti, 2000, p. 76).

Segundo Bogdan e Biklen (1994, p. 49-51), "os investigadores qualitativos interessam-se mais pelo processo do que simplesmente pelos resultados ou produtos". O problema não está na forma de trabalhar os dados, mas na mudança referencial necessária quanto aos limites e às possibilidades das ciências sociais, ou seja, no direcionamento da coleta de dados, visto que há diferença na natureza dos objetos. Para Gamboa (1995, p. 24), a investigação qualitativa é descritiva: "a natureza do objeto, das questões e dos resultados das ciências sociais é interpretativa e não explicativa", o que leva à descrição/caracterização.

Conforme Merleau-Ponty (1994), a qualidade não é um elemento da consciência, mas uma propriedade do objeto. Sendo assim, para o autor, não é aceitável deixar de considerar a qualidade, pois ela está dada no objeto percebido e não pode ser limitada pela consciência do pesquisador.

A oposição entre quantidade e qualidade é, em verdade, um falso problema, uma vez que a qualidade está ligada ao objeto pesquisado nas ciências de cultura e o investigador, ao fazer um recorte, uma seleção, escolhe o que é mais relevante pesquisar, ou seja, uma qualidade particular do objeto investigado. Assim, "não há quantificação sem qualificação" (Bauer; Gaskell, 2002, p. 24). De acordo com os autores, esse recorte de qualidades pode ser quantificável ou não, conforme os recursos empregados, isto é, o problema não estaria nos recursos utilizados, mas na possibilidade enumerável ou não e na adequação desses recursos, métodos e técnicas ao que é significativo na observação proposta. Assim, a postura crítica por parte do pesquisador seria a atitude emancipatória com relação ao dilema quantitativo/qualitativo, cujas diferenças apresentaremos mais adiante.

A pesquisa qualitativa alarga o campo de atuação da psicologia e da educação, mesmo sendo criticada em razão do empirismo e do envolvimento subjetivo do pesquisador. Dependendo do objeto a ser estudado e de suas características, classifica-se a natureza do processo de mensuração conforme a variável qualitativa:

- **Variável nominal ou classificadora** – Sexo (masculino e feminino), classe socioeconômica (alta, média e baixa), entre outros exemplos.

- **Variável ordinal ou escala por postos** – Ordenação do grau de concordância com uma assertiva (concordo plenamente, concordo, indiferente, discordo, discordo plenamente), classificação de alunos (1º, 2º, 3º, ..., 30º) etc.

A pesquisa qualitativa não se fundamenta em critérios numéricos no intuito de assegurar sua importância. A amostra apropriada permite compreender o problema estudado como um todo, em suas diversas abordagens (Minayo, 2001).

O surgimento de novos métodos de pesquisa e de abordagem, diferentes daqueles utilizados habitualmente, decorre da necessidade de se obterem respostas para os problemas educacionais atuais. Entre as "novas propostas estão a pesquisa participante, a pesquisa-ação, pesquisa etnográfica, estudo de caso e história de vida. Na pesquisa qualitativa tradicional, as três alternativas de pesquisa são: a pesquisa documental, o estudo de caso e a etnografia" (Lüdke; André, 1986, p. 5).

Com base nos subsídios teóricos desses autores, que discutem a respeito da pesquisa em educação segundo uma visão qualitativa, serão evidenciados, entre as propostas citadas, apenas dois tipos principais: a pesquisa etnográfica e o estudo de caso, em virtude de sua crescente anuência na área de educação, dada a possibilidade de estudar questões relativas à escola.

2.2.2.1 Pesquisa etnográfica

O interesse pela pesquisa etnográfica estabeleceu-se no início da década de 1970. *Etnografia* é a prática da observação, da descrição e da análise comunicativa. Assim, ao se avaliar uma problematização, devem-se levar em conta as evidências da observação e da descrição.

O uso da terminologia *pesquisa etnográfica* deve ser feito de maneira apropriada. No processo de adaptação para a área de educação, o termo sofreu modificações e acabou se distanciando de seu sentido próprio – "descrição de um sistema de significados culturais de um determinado grupo" (Lüdke; André, 1986, p. 13-14).

Um fator importante para a utilização da etnografia é o fato de os estudos educacionais refletirem sobre o processo de ensino-aprendizagem. É relevante, nesse contexto, haver mais de uma variável, ou seja, preocupar-se com todo o ambiente escolar e, também, promover correlações entre o que se aprende na escola e o que se passa fora dela.

Conforme Lüdke e André (1986), há vários critérios para o uso da etnografia na área de educação. Seguem seis deles:

1. O problema (concepção, planejamento e estratégia) deve ser redescoberto no campo.
2. O pesquisador deve considerar o trabalho de campo o coração da pesquisa.
3. O trabalho de campo deve durar, pelo menos, um ano escolar.
4. O pesquisador deve ter contato com outras culturas.
5. A etnografia aborda e constrói modelos ou teorias explicativas indutivamente, combinando vários métodos de coleta.
6. O relatório etnográfico busca uma cuidadosa revisão bibliográfica, apresentando dados primários e verificando quais deles serão necessários para responder às questões propostas.

Esses critérios mostram que, em uma condição de investigação educacional, o pesquisador, na etnografia, engloba várias categorias de análise, algumas simples, outras de "estatística não paramétrica, auxiliando o etnógrafo a dar credibilidade aos dados" (Godoy, 1995, p. 29).

Segundo Oliveira (2008, p. 5), esse tipo de abordagem possibilita a reunião de técnicas como "a observação, a entrevista, a história de vida, a análise de documentos, vídeos, fotos, testes psicológicos, entre outros".

2.2.2.2 ESTUDO DE CASO

O estudo de caso é uma modalidade fundamental de pesquisa na área das ciências humanas e sociais. Segundo Yin (2010, p. 39), trata-se de "uma investigação empírica que investiga um fenômeno contemporâneo em profundidade e em seu contexto de vida real, especialmente quando os limites entre o fenômeno e o contexto não são claramente evidentes".

Em educação, o estudo de caso despontou no anos 1960 e 1970 como um método para descrever um problema apenas (uma escola, um professor, uma sala de aula etc.). Essa forma de pesquisa foi introduzida no âmbito educacional em 1975, em uma conferência internacional em Cambridge, Inglaterra, para "discutir novas abordagens em pesquisa e avaliação educacional" (André, 2005a, p. 15).

O estudo de caso propõe a análise meticulosa de um ambiente, um sujeito ou uma situação isoladamente, com a finalidade de garantir a "vivência da realidade", por meio de discussão e análise e com a pretensão de solucionar um problema da vida real. Como técnica de ensino, vincula a teoria à prática (Godoy, 1995). Segundo Stake (1994, p. 236, tradução nossa), "não é uma escolha metodológica, mas uma escolha do objeto a ser estudado".

Para os pesquisadores que procuram responder às problematizações com "como" e "porque", é o método mais indicado, pois define mais precisamente o objeto, especifica os pontos críticos e as questões que serão levantadas no contato com o campo e com os sujeitos envolvidos e, ainda, seleciona as fontes que servirão para a coleta de dados. Esse início, apesar de se tratar de um estudo cuidadoso, não tem a finalidade de estabelecer uma posição com relação à pesquisa, mas de explicitar, revisar e até abandonar algum argumento preliminar (Oliveira, 2008).

Posteriormente à etapa de exploração, o pesquisador deve detectar os limites do problema a ser analisado, para, então, partir para a fase de coleta sistemática de dados, utilizando os instrumentos que julgar adequados para descrever e caracterizar a problemática (Oliveira, 2008). Conforme André (2005a), existem quatro características essenciais do estudo de caso qualitativo:

1. **Particularidade** – Fenômeno particular, estudo adequado para investigar problemas práticos.
2. **Descrição** – Especificação completa e literal da problematização.
3. **Heurística** – Ideia de que o estudo ilumina a compreensão do leitor sobre a investigação.
4. **Indução** – Baseia-se na lógica indutiva.

André (2005a) reúne também quatro grandes tipos de estudo de caso:

1. **Etnográfico** – Um caso é estudado em profundidade pela observação; trata-se de um estudo descritivo.
2. **Avaliativo** – Um caso ou um conjunto de casos é estudado profundamente com o objetivo de contribuir com informações que auxiliem políticas, programas ou instituições educacionais.
3. **Educacional** – Compreensão da ação educativa.
4. **Ação** – Contribui com o desenvolvimento por meio de *feedback*.

No método qualitativo em geral e, em especial, no estudo de caso, é importante que a pesquisa aconteça em várias etapas, pois a intenção é confrontar os dados antes mesmo de a coleta terminar.

A preparação da pesquisa é a primeira etapa do estudo de caso. Podemos representar a prática de estudo conforme a Figura 2.1.

Figura 2.1 – Etapas do estudo de caso

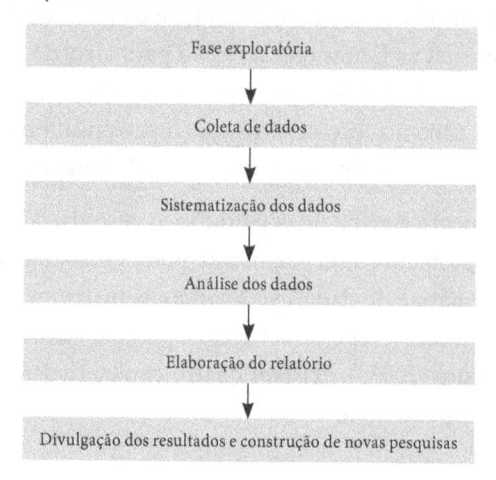

Fase exploratória
↓
Coleta de dados
↓
Sistematização dos dados
↓
Análise dos dados
↓
Elaboração do relatório
↓
Divulgação dos resultados e construção de novas pesquisas

O pesquisador deve ter o cuidado de escolher corretamente as informações que serão disponibilizadas, uma vez que as considerações preliminares precisam ser aplicadas em todos os tipos de pesquisa relacionados à seleção do caso e à generalização dos resultados. Assim, o estudo dependerá do tema de importância, que vai determinar se sua manifestação se dará de forma mais completa, mais rica e mais natural, em "uma escola comum da rede pública ou uma escola que esteja desenvolvendo um trabalho especial" (Lüdke; André, 1986, p. 23).

Vale ressaltarmos que, no estudo de caso, há características fundamentais que visam à descoberta, enfatizam a interpretação em contexto e retratam a realidade, por meio de uma variedade de fontes de informação, generalizações naturalísticas, pontos de vista diferentes e conflitantes na situação social e uma linguagem mais acessível (Lüdke; André, 1986).

Por fim, destacamos que a articulação do estudo de caso como estratégia de pesquisa possibilita maior enriquecimento na construção de novos conhecimentos. Embora já tenhamos abordado os tipos qualitativo e quantitativo de pesquisa, esses métodos serão retomados no Capítulo 3, na perspectiva de comparação.

2.3 Etapas da pesquisa em educação matemática

As etapas da pesquisa devem ser observadas pelo pesquisador conforme a descrição simbólica do infinito, em um percurso no qual os fatos são representados na busca do conhecimento fundamentado em dados, fenômenos e estudos.

Para descrevermos as etapas da investigação, tomaremos como base os procedimentos da pesquisa com foco em educação matemática. No Capítulo 1, na seção sobre o método estatístico, mostramos um dos principais passos da pesquisa científica: a realização de etapas para o levantamento de dados. Assim, para a obtenção de detalhes mais aprofundados sobre o assunto, sugerimos a leitura de Fonseca (2002), Gil (2002), André (2007), Gerhardt e Silveira (2009), Prodanov e Freitas (2013) e Contrandiopoulos (1994), que apresentam etapas para projetos de pesquisa.

Na sequência, versaremos sobre os processos da pesquisa com base no objeto de interesse do pesquisador, na atividade, no envolvimento e no argumento a que essas etapas são capazes de dar significado, bem como no desenvolvimento da autonomia do investigador, de forma a torná-lo agente do processo de construção da educação e do conhecimento matemático.

De forma simplificada, a estrutura básica de uma pesquisa consiste em quatro etapas, conforme a Figura 2.2.

Figura 2.2 – Etapas de pesquisa

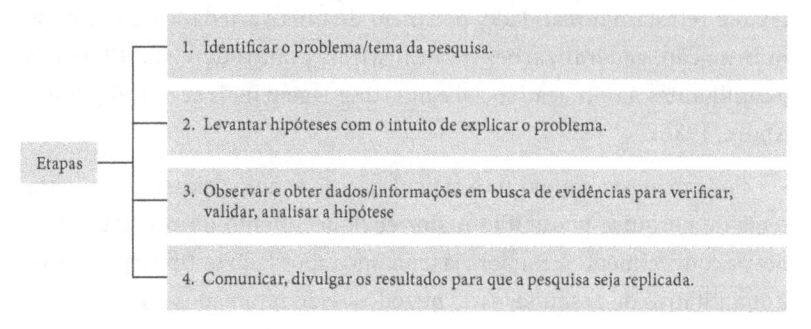

Etapas
1. Identificar o problema/tema da pesquisa.
2. Levantar hipóteses com o intuito de explicar o problema.
3. Observar e obter dados/informações em busca de evidências para verificar, validar, analisar a hipótese
4. Comunicar, divulgar os resultados para que a pesquisa seja replicada.

Primeiramente, abordaremos a pesquisa com foco geral e, em seguida, a com foco na educação matemática, para que o pesquisador complete seu ponto de vista e beneficie-se gradativamente com as verificações de cada etapa.

2.3.1 Etapa 1 – Identificação do problema/tema da pesquisa

Na **pesquisa em geral**, para dar início a qualquer processo de investigação, é necessário ter bem definido o que se deseja pesquisar. O primeiro passo costuma ser uma revisão bibliográfica do assunto a ser investigado, conforme o Anexo 1.

Na escolha do tema, o pesquisador deve observar e levantar os seguintes aspectos: adequação à formação do pesquisador, material bibliográfico disponível, equipamentos ou fontes necessários para o levantamento de dados, custo e contribuição para um novo assunto ou possibilidade de replicação.

O tema deve ser delimitado por um tópico que permita aprofundar o problema ou abordar um conteúdo amplo/complexo que gere estudos superficiais. Para Gil (2002), há algumas regras práticas para a formulação de um problema científico, o qual deve ser elaborado como pergunta, claro e preciso, empírico, suscetível de solução e delimitado a uma dimensão viável.

Vale lembrarmos que, quando o problema proposto não se ajusta a essas regras, não significa que ele deve ser afastado, mas que pode ser reformulado ou esclarecido por meio de uma pesquisa exploratória (Gil, 2002). Segundo Prodanov e Freitas (2013), para um melhor entendimento de como um problema de pesquisa deve ser formulado, primeiramente define-se o assunto, depois o tema proposto e, em seguida, o problema.

Exemplo:

Assunto: Educação
Tema: Educação matemática
Problema: Quais as perspectivas atuais da educação matemática?

Com a formulação dos questionamentos e o levantamento bibliográfico para a problematização do tema, é possível estabelecer os objetivos da pesquisa. Trata-se de uma etapa importante, pois é quando toda a introdução é traçada e fundamentada, com objetivos (para que) e justificativas (por que) – conforme o Anexo 2 desta obra –, seguidos da metodologia (como), dos resultados e, principalmente, das conclusões, que devem estar intimamente relacionadas com os objetivos.

Na **pesquisa em educação matemática**, o problema se desenvolve na ação do ambiente escolar, envolvendo escola, professor e aluno, sem a predominância de um ou de outro, mas com interação entre as três dimensões.

Figura 2.3 – Sujeitos para o tema da pesquisa em educação matemática

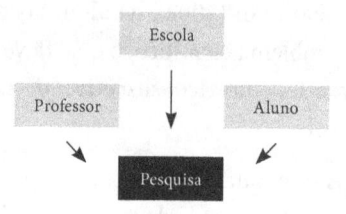

```
            Escola
              │
              ▼
Professor ──► Pesquisa ◄── Aluno
```

O problema da pesquisa deve mediar os três sujeitos, visto que são as fontes de toda a pesquisa e reafirmam as influências dos pressupostos. Como exemplo, podemos citar a pesquisa etnográfica, que procura compreender o ambiente e os sujeitos para explicar o que está sendo investigado e coletado, seguindo todos os passos propostos também pela pesquisa geral.

2.3.2 Etapa 2 – Hipótese

Na **pesquisa em geral**, a hipótese consiste, segundo Gil (2002, p. 31), em apresentar uma solução possível por meio de uma teoria capaz de ser testada, ou seja, "uma expressão verbal suscetível de declarada verdadeira ou falsa", podendo ser a resposta ao problema.

Hipótese, em uma pesquisa científica, é a proposição realizada para explicar o que se desconhece e o que se pretende provar, testando variáveis que explicam (o que) ou que podem ser descobertas.

A hipótese orienta o planejamento dos procedimentos metodológicos necessários à execução da pesquisa e direciona todo o processo de investigação. É sempre uma afirmação, uma resposta possível ao problema proposto. É importante destacarmos que todo procedimento de coleta de dados depende da formulação prévia de uma hipótese. Porém, em muitas pesquisas, as hipóteses não são explícitas. Conforme Gil (2002, p. 38), "nesses casos, é possível determinar as hipóteses subjacentes, mediante a análise dos instrumentos adotados para a coleta dos dados".

Uma vez formuladas as hipóteses, o problema terá uma resposta suposta, provável e provisória. Segundo Prodanov e Freitas (2013, p. 89),

- [A hipótese] antecipa a relação entre duas ou mais variáveis.
- Problema, pesquisa e hipóteses estão intimamente ligados.
- A hipótese é uma resposta antecipada do pesquisador, que a deduziu da revisão bibliográfica.
- Nos estudos quantitativos, pode ser colocada à prova para determinar sua validade. [...]
- A formulação de hipóteses deriva necessariamente do problema de pesquisa.
- Hipótese é uma aposta que o pesquisador faz sobre os resultados prováveis de pesquisa.
- A elaboração do problema de pesquisa e o enunciado de hipótese parecem próximos, mas a hipótese caracteriza-se por apresentar uma força explicativa provisória, que será verificada no trabalho de campo.
- Quando se tratar de estudos quantitativos, o pesquisador deve formular hipóteses a serem comprovadas via testes estatísticos.
- Nos estudos qualitativos, a explicação da hipótese, segundo a compreensão de alguns autores, não é obrigatória. Contudo, uma hipótese de pesquisa pode orientar a estrutura do trabalho.

Prodanov e Freitas (2013, p. 90) consideram ainda que, para a validação das hipóteses, são necessários os seguintes critérios:

- consistência lógica: o enunciado das hipóteses não pode conter contradições e deve ter compatibilidade com o corpo de conhecimentos científicos;
- verificabilidade: devem ser passíveis de verificação;
- simplicidade: devem ser parcimoniosas, evitando enunciados complexos;
- relevância: devem ter poder preditivo e/ou explicativo;
- apoio teórico: devem ser baseadas em teoria, para ter maior probabilidade de apresentar genuína contribuição ao conhecimento científico;

- especificidade: precisam indicar as operações e as previsões a que elas devem ser expostas;
- plausibilidade e clareza: devem propor algo admissível e que o enunciado possibilite o seu entendimento;
- profundidade, fertilidade e originalidade: devem especificar os mecanismos aos quais obedecem para alcançar níveis mais profundos da realidade, favorecer o maior número de deduções e expressar uma solução nova para o problema.

O objetivo da elaboração das hipóteses é ser o ponto de partida da investigação e auxiliar a compreensão e a organização dos resultados da pesquisa. Como mencionamos no Capítulo 1, os métodos hipotéticos estão associados às etapas, pois conduzem, quase que naturalmente, à elaboração de coletas de dados e, em seguida, à metodologia pesquisada.

As afirmações das hipóteses, segundo Prodanov e Freitas (2013), podem ser entendidas como as relações entre duas ou mais variáveis, e é preciso que pelo menos uma delas já tenha sido fruto de conhecimento científico.

Fonseca (2002) descreve quatro tipos de hipóteses:

1. **Hipótese descritiva** – Não pode ser testada como relação ou associação entre variáveis. Exemplo: costumes e usos dos índios Xetá (Paraná) e Terrena (Mato Grosso do Sul).

2. **Hipóteses central e complementar** – Aquela estabelece relações básicas entre as variáveis, e esta é derivada da hipótese central. Exemplos:

    - **Hipótese central** – A taxa de rendimento cresce conforme o Índice de Desenvolvimento da Educação Básica (Ideb) aumenta.

    - **Hipótese complementar** – A taxa de rendimento do 9º ano da rede pública aumentou conforme a elevação do Ideb dos anos finais.

3. **Hipótese de pesquisa alternativa** – É o que o pesquisador deseja comprovar, sendo representada pelo símbolo $H1$. Exemplo: A aprendizagem dos alunos está relacionada à taxa de aprovação.

4. **Hipótese nula** – Contradiz o que é afirmado pela hipótese de pesquisa, sendo representada pelo símbolo *Ho*. Exemplo: A taxa de aprovação não está relacionada à aprendizagem dos alunos.

Há várias maneiras de se formular relação de causa e efeito para as hipóteses, mas a mais comum é "se x, então y". Assim, há duas formas de as variáveis serem classificadas: a primeira consiste na correlação entre variáveis que buscam explicar os fenômenos – as **variáveis independentes** (x); a segunda corresponde aos fenômenos a serem explicados – as **variáveis dependentes** (y). Desse modo, o pesquisador pode formular a hipótese e demonstrar claramente as variáveis, relacionando as condições de causa e efeito produzidas pela pesquisa (Prodanov; Freitas, 2013).

Segundo os autores anteriormente citados, a variável pode ser considerada uma classificação ou uma medida de quantidade que varia, um "aspecto, propriedade ou fator discernível em um objeto de estudo e passível de mensuração" (Prodanov; Freitas, 2013, p. 92). Elas existem em todos os tipos de pesquisa – nas quantitativas, são medidas e, nas qualitativas, podem ser descritas.

Na **pesquisa em educação matemática**, as hipóteses são complexas e desafiantes, pois é nessa fase que se faz a tradução da situação-problema para a linguagem matemática. A hipótese é indispensável, pois possibilita a identificação, a generalização e a seleção das contínuas variáveis contidas no processo, para delinear a investigação com ferramentas de solução do problema em termos de educação matemática (Burak, 1992).

Em grande parte dos estudos em educação matemática, uma variável interfere na outra, porque, quando o estudo envolve educação, automaticamente se estabelece uma relação de dependência entre elas.

Exemplo:

> O reforço do professor tem como efeito a evolução do aluno em cálculos matemáticos.

Figura 2.4 – Relação entre as variáveis

Variável independente:
reforço do professor (x)

↓

Variável dependente:
evolução do aluno em cálculo matemático (y)

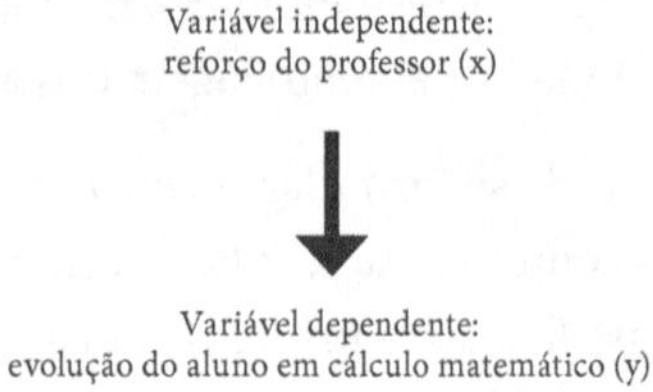

É usual dizer que as pesquisas em educação estabelecem a existência de relações causais entre as variáveis. Vale ressaltarmos que, como o estudo e a pesquisa em educação matemática são recentes, pode haver outras abordagens em que as hipóteses e variáveis sejam desconhecidas. O envolvimento de estudiosos no estudo do ensino e da aprendizagem de matemática tem se expandido nas mais diversas áreas: na psicologia, na sociologia, na economia, nas ciências políticas e, principalmente, na educação.

Paradigmas são comuns na educação porque envolvem o conhecimento de três dimensões: aluno, professor e escola. Embora cada uma tenha uma variável ampla, elas devem ser discutidas separadamente e, quando inter-relacionadas, criam outras variáveis distintas e não podem ser assumidas somente e verdadeiramente como independentes. Portanto, as probabilidades de correlação entre as variáveis em estudo são, às vezes, demasiadas, levando à aplicação de métodos estatísticos em vários casos de pesquisa.

2.3.3 Etapa 3 – Coleta de dados

Na **pesquisa em geral**, essa etapa tem o propósito de conseguir informações da realidade, determinar como e onde a coleta de dados será efetuada e restringir o tipo de pesquisa. É fundamental definir se os bancos de informações serão populacionais ou amostrais. Segundo Prodanov e Freitas (2013, p. 98), população é "a totalidade de indivíduos que possuem as mesmas características definidas para um determinado estudo", ou seja, todos os elementos a serem pesquisados (quem). Fonseca (2002, p. 53) afirma que "a amostra é a menor representação de um todo da pesquisa", podendo ser probabilística ou não probabilística, conforme o Quadro 2.2.

Quadro 2.2 – Tipos de amostragem

Amostras não probabilísticas (não causais)	Amostra por acessibilidade/conveniência	Seleciona elementos a que se tem acesso.
	Amostra intencional	Seleciona elementos representativos da população.
	Amostra por cotas	Mesma proporção da população.
Amostras probabilísticas (causais)	Amostra aleatória simples	Cada elemento da população, um número único e, depois, causal.
	Amostra sistemática	Elementos ordenados.
	Amostra estratificada	Estratos/subgrupos exclusivos.
	Amostra por agrupamentos/conglomerados	Por grupos.
	Amostra por etapas	Diversos estágios.

Para mais detalhes sobre os estudos relacionados a técnicas e tipos de amostragem, sugerimos a leitura de Barbetta (2006) e de Lakatos e Marconi (2007).

A Figura 2.5 evidencia que, quando há coleta de dados, iniciam-se técnicas e métodos estatísticos que constituem novas possibilidades de pesquisa.

Figura 2.5 – Etapas da coleta de dados e procedimentos estatísticos

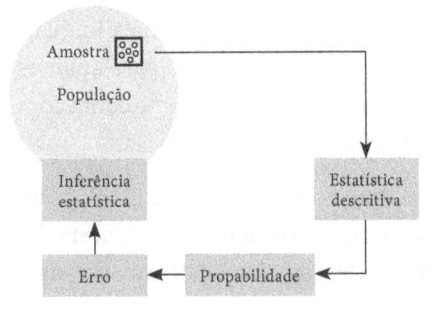

A coleta de dados é a fase da pesquisa em que são reunidos e tabulados os dados, mediante técnicas específicas para correlacionar os objetivos aos meios de alcançá-los, justificando a investigação.

Na coleta de dados, o planejamento é primordial, como em toda pesquisa científica. Nessa fase, é indispensável aplicar técnicas com processos adequados para a interpretação e a elaboração dos relatórios. Entre as técnicas de pesquisa, destacamos a documentação direta e a documentação indireta.

Essas técnicas, conforme apresentado por Prodanov e Freitas (2013), podem ser ainda mais divididas: na **documentação direta**, estão inseridos a **observação** (sistemática, assistemática, não participante, participante, individual, em equipe, na vida real e em laboratório), as **entrevistas** (estruturada, não estruturada e painel) e os **questionários** (perguntas abertas, perguntas fechadas, perguntas de múltipla escolha, perguntas de fato, perguntas de intenção e perguntas de opinião); e na **documentação indireta**, encontramos a pesquisa **documental** (arquivos públicos, arquivos particulares, fontes estatísticas e fontes não escritas) e a pesquisa **bibliográfica** (publicações avulsas, boletins, jornais, revistas, livros e monografias).

Os dados extraídos pelo pesquisador são chamados de *primários*, por não estarem registrados em nenhum outro documento. Existem ainda dados disponíveis conhecidos como *secundários*, levantados mediante pesquisa bibliográfica ou documental.

Com os avanços tecnológicos, os dados são facilmente obtidos e tabulados. Logo, é natural utilizar recursos computacionais para elaborar índices e realizar cálculos estatísticos, bem como para fazer gráficos e análises elaboradas. Atualmente, para a análise de dados de qualquer natureza, até para *big data,* é recomendada a linguagem R (2002), um ambiente de desenvolvimento integrado para análises, cálculos estatísticos e gráficos. Seu uso é livre e o ambiente conta com pacotes, que são bibliotecas para funções ou áreas específicas.

Segundo Prodanov e Freitas (2013, p. 113), a "análise qualitativa é menos formal do que a quantitativa, pois, nesta última, seus passos podem ser definidos de maneira relativamente simples". Na análise qualitativa, com os dados coletados em mãos, há a necessidade de um diagnóstico crítico, a fim de se detectarem "questões falsas, confusas ou distorcidas" (Prodanov; Freitas, 2013, p. 113).

Assim, é possível realizar inferências, ou seja, a seleção, simplificação, abstração e transformação dos dados originais, provenientes das observações do pesquisador, que podem levar a novas pesquisas e sugerir novas investigações.

Na categorização dos dados qualitativos, o pesquisador pode entrar em contato com resultados que vão além dos obtidos, ou seja, que estão implícitos nos documentos analisados, conseguindo explicações que poderão auxiliá-lo na conclusão da investigação (Prodanov; Freitas, 2013).

Para a análise e a interpretação dos resultados dos dados, Prodanov e Freitas (2013) sugerem:

- Apresentar o desenvolvimento do trabalho.
- Organizar os resultados de acordo com a proposta metodológica.
- Apresentar e analisar os dados e os resultados.
- Descrever os materiais, as técnicas e os métodos de maneira precisa.
- Apenas referir-se às técnicas e aos métodos já conhecidos, sem descrevê-los; a descrição deve ser reservada a técnicas novas.
- Conjugar ou não a análise dos dados, sua interpretação e as discussões técnicas, conforme os objetivos do trabalho.
- Agrupar e ordenar resultados, que podem ser acompanhados de tabelas, gráficos ou figuras, para maior clareza.
- Analisar os dados, fornecendo subsídios para a conclusão.
- Realizar as confrontações bibliográficas e apresentar as sugestões encontradas.

Portanto, na análise e na interpretação, é preciso ir além de um simples relatório dos resultados, possibilitando outra compreensão do problema e instigando novos estudos.

Na **pesquisa em educação matemática**, a coleta de dados pela abordagem qualitativa é muito utilizada no contexto educacional, assim como o estudo de caso e a observação como técnica de coleta. Vianna (2003) defende que a observação de uma pesquisa, como técnica científica, deve ter objetivos criteriosos, planejamento adequado, registro sistemático dos dados e verificação da validade e da confiabilidade dos resultados, além da pesquisa bibliográfica.

Bogdan e Biklen (1994, p. 48-51) argumentam que a análise qualitativa é composta de cinco aspectos básicos, os quais não precisam ser usados ao mesmo tempo:

1. A fonte direta dos dados é o ambiente natural, em que o pesquisador é o instrumento fundamental, pois passa muito tempo tentando entender as questões educativas no local de estudo – escola, bairro, entre outros – e recolhe os dados por meio de áudio, vídeo e anotações.

2. Os dados recolhidos são descritivos e, ao examiná-los, o pesquisador deve preocupar-se com os detalhes em toda a sua complexidade, considerando a forma de registro.

3. O interesse maior da pesquisa é o processo, e não somente os resultados, visto que conteúdos significativos são evidenciados no decorrer da investigação.

4. A análise dos dados deve se dar de forma indutiva, ou seja, as definições devem ser feitas com base nos dados reunidos, sem o intuito de confirmar ou não as hipóteses criadas anteriormente.

5. É considerado, primeiramente, o ponto de vista do informante, atribuindo sua relevância à interpretação, à realidade, ao contexto e à visão de mundo dos sujeitos envolvidos.

Na coleta de dados em educação, é possível combinar diferentes métodos, utilizando mais de uma fonte e conciliando o qualitativo e o quantitativo. Nos estudos em mensuração, cujo universo é a educação matemática, a amostra deve ser representativa estatisticamente. Para isso, seguem algumas recomendações de Terence e Escrivão Filho (2006) e de Hayati, Karami e Slee (2006):

- Obedecer ao planejamento na coleta de dados.
- Utilizar a teoria para desenvolver as hipóteses e as variáveis da pesquisa.
- Empregar instrumentos estatísticos na análise dos dados.
- Confirmar as hipóteses da pesquisa por predições específicas de princípios, observações ou experiências.
- Utilizar dados que representam uma população específica (amostra).
- Usar questionários estruturados com questões fechadas, testes e *checklists* como instrumento para a coleta de dados.

No Quadro 2.3, apresentamos os tipos de questionários, com exemplos de perguntas relativas à área de educação.

Quadro 2.3 – Questionários para pesquisa

TIPOS DE PERGUNTA	CARACTERÍSTICA	EXEMPLO
Pergunta com resposta fechada	Uma escolha entre duas ou mais respostas	Considera a matemática uma disciplina importante? ( ) Sim ( ) Não
Pergunta com resposta aberta	Resposta pessoal	De que modo você articula a Matemática com outras disciplinas?
Pergunta com múltiplas respostas	Uma série de respostas possíveis	Quais das opções a seguir o ajudaram a desenvolver o conhecimento matemático neste ano? ( ) O Matlab ( ) A internet ( ) Livros ( ) Cursos e palestras

(continua)

(Quadro 2.3 – conclusão)

Tipos de pergunta	Característica	Exemplo
Pergunta com respostas escalonadas	Intensidade de resposta	Qual é seu grau de satisfação com relação à semana pedagógica, cujo tema é *educação matemática interdisciplinar*? ( ) Muito satisfeito ( ) Satisfeito ( ) Parcialmente insatisfeito ( ) Insatisfeito

Atualmente, há vários estudos para o levantamento de dados indiretos em educação, assim como em avaliações. Na área de educação matemática, seguem sugestões de *sites* para obtenção, análise e coleta de informações:

- BRASIL. Ministério da Educação. **Indicadores**: demográficos e educacionais. Disponível em: <http://ide.mec.gov.br/2011/>. Acesso em: 14 mar. 2018.

- IBGE – Instituto Brasileiro de Geografia e Estatística. Comitê de Estatísticas Sociais. **Censo Escolar**: educação básica. Disponível em: <https://ces.ibge.gov.br/base-de-dados/metadados/inep/educacao-basica.html>. Acesso em: 14 mar. 2018.

- INEP – Instituto Nacional de Estudos e Pesquisas Educacionais Anísio Teixeira. **Indicadores educacionais**. Disponível em: <http://portal.inep.gov.br/indicadores-educacionais>. Acesso em: 14 mar. 2018.

- OBSERVATÓRIO DO PNE. Disponível em: <http://www.observatoriodopne.org.br/>. Acesso em: 14 mar. 2018.

- QEDU. Disponível em: <http://qedu.org.br/>. Acesso em: 14 mar. 2018.

Os dados reais não aceitam mais uma análise desvinculada da vida prática e da relação com as diversas áreas do conhecimento humano. Assim, em um cenário de carência de reforma do ensino da matemática e de evolução da aprendizagem discente, há necessidade de investigação para a adaptação às necessidades do aluno, do professor e da escola atual.

Há consciência de que o aluno passa a ser ativo, sujeito da construção da aprendizagem. O professor é sujeito importante na organização e no direcionamento da aprendizagem, transformando o ser ativo em ser crítico. Ambos devem se adaptar ao cenário educacional, com o professor revendo a práxis de ensino, reavaliando a condição docente, dando continuidade à sua formação e seguindo uma nova linha teórica sobre o processo de ensino e aprendizagem. Tudo isso faz parte das variáveis em estudo na pesquisa em educação matemática. Da mesma forma, é necessário rever os dados disponíveis pelas instituições governamentais para entender a série histórica do desenvolvimento da educação no Brasil.

2.3.4 Etapa 4 – Divulgação dos resultados e considerações finais

Tanto na **pesquisa em geral** quanto na **pesquisa em educação matemática**, a divulgação dos resultados é o meio para que pesquisa e pesquisador proporcionem o conhecimento a ser disseminado e permitam a outros pesquisadores sua avaliação. Segundo Le Coadic (1996), a ciência, sem informação, não se fortalece, uma vez que o conhecimento só se propaga quando há comunicação e troca de informações; do contrário, é inútil.

Na conclusão, a pesquisa retoma a introdução e revê as principais contribuições que trouxe à investigação. É o momento de sintetizar os resultados obtidos com a pesquisa, devendo-se responder às hipóteses levantadas de forma coerente com o que foi apresentado na seção introdutória:

> [A conclusão deverá] explicitar se os objetivos foram atingidos, se a(s) hipótese(s) ou os pressupostos de pesquisa foram ou não confirmados, esclarecendo as razões desse resultado. E, principalmente, deverá ressaltar a contribuição da pesquisa para o meio acadêmico, profissional, ou para o desenvolvimento da ciência ou, ainda, da área a que se refere o estudo. É o ponto de vista do autor sobre os resultados obtidos, bem como o alcance dos objetivos, sugerindo novas abordagens a serem consideradas em trabalhos semelhantes, bem como comentando sobre possíveis limitações do estudo.

[...]

Em síntese, nas **considerações finais**, é necessário reavaliar os resultados obtidos em relação aos objetivos e às perguntas de estudo, observando o seguinte:

- os resultados obtidos respondem às perguntas de estudo?
- os objetivos propostos foram alcançados: se não foram totalmente, em que nível e/ou por que não foram alcançados, quais as dificuldades?
- brevidade, concisão e coerência: uma conclusão não pode se contrapor a outra. (Prodanov; Freitas, 2013, p. 116-117, grifo do original)

Na conclusão, portanto, as ideias que nortearam a introdução são retomadas, com o cuidado de não extrapolarem os resultados. A divulgação do trabalho nos meios científicos não significa, necessariamente, encerrá-lo, uma vez que o problema tem outros propósitos que podem justificar a realização de uma próxima pesquisa.

O conhecimento científico evoluiu por meio de um processo constante de discussão e revisão de ideias, consolidado por um notável senso crítico-científico e por posicionamentos teórico-metodológicos que proporcionam suporte aos resultados das pesquisas em geral.

Síntese

A disputa para decidir a melhor técnica/método ou tipo/natureza para aplicar na pesquisa se estende há décadas, mas é uma discussão improdutiva, uma vez que a combinação de dois ou mais elementos deixa a pesquisa mais rica e fundamentada, como ocorre nas investigações que utilizam métodos quantitativos (positivismo) e qualitativos (interpretacionismo).

Com relação à estratégia de estudo de caso, ressaltamos que os resultados têm análises satisfatórias em razão da grande variabilidade dos dados e do potencial de abordar três dimensões interligadas de estudo (aluno, professor e escola).

Tratamos ainda das características do estudo de investigação, ressaltando a atuação do pesquisador nos processos da prática, que envolve preparação da pesquisa, decisão do tema, instrumentos e técnicas de coleta de dados, estratégias de análise e sistematização do relatório.

Neste estudo, constatamos que o planejamento é necessário para a consolidação da metodologia de pesquisa, visto que, ao investigar, pode-se identificar aspectos nos quais seja necessário utilizar a inferência e relacionar com outras situações convergentes. Assim, toda pesquisa deve contemplar os objetivos, ou seja, responder às seguintes perguntas:

- Por quê? (justificativa)
- Para quê? (objetivo)
- Quem? (população)
- O quê? (variáveis)
- Como? (metodologia e instrumento de coleta de dados)

Por fim, confirmamos que a articulação entre as etapas é uma rica estratégia de pesquisa na construção de novos conhecimentos. Além disso, destacamos que a triangulação das dimensões *aluno*, *professor* e *escola* é um procedimento primordial na validação das informações obtidas para a investigação em educação matemática.

Atividades de autoavaliação

1. Assinale V para as afirmações verdadeiras e F para as falsas:

    ( ) A estatística é usada somente para fins descritivos e analíticos, de extrair informações dos dados.

    ( ) *População* é todo o conjunto de pessoas ou de objetos que são alvo da pesquisa.

    ( ) *Amostra* é qualquer subconjunto da população de interesse.

    ( ) *Dado* é o valor ou a resposta que toma a variável mista em cada unidade de análise.

    ( ) *Inferência* é o conjunto de métodos que permitem inferir o comportamento de uma população com base no conhecimento da amostra.

Marque a alternativa que corresponde à sequência obtida:

a) F, V, V, V, F.
b) F, V, V, F, V.
c) V, V, F, F, V.
d) V, V, V, F, V.

2. Assinale a alternativa **incorreta** quanto à evolução histórica do método científico:

    a) Nas décadas de 1920 e 1930, os imigrantes traziam consigo religiosos ou professores.
    b) Nos anos 1930, ocorreu a criação da Universidade de São Paulo e do Instituto Nacional de Pesquisas Educacionais.
    c) Nas décadas de 1940 e 1950, surgiu o Conselho Nacional de Pesquisa.
    d) Nos anos 1990, houve a criação da Associação Nacional de Pós-Graduação e Pesquisa em Educação e do Conselho Nacional de Pesquisa.

3. Assinale V para as afirmações verdadeiras e F para as falsas:

    ( ) O positivismo é um método quantitativo, e o interpretacionismo, um método qualitativo.
    ( ) A metodologia usada no método quantitativo é o levantamento de dados amostrais.
    ( ) Dois tipos de pesquisa da vertente quantitativa estão em crescente aceitação na área de educação: a pesquisa etnográfica e o estudo de caso.
    ( ) As variáveis quantitativas são classificadas em discretas (número inteiros) e contínuas (números reais).
    ( ) As variáveis qualitativas são classificadas em nominal (sexo) e ordinal (classificação).

    Marque a alternativa que corresponde à sequência obtida:

    a) V, V, F, V, V.
    b) V, V, F, F, V.

c) V, F, V, V, V.
d) V, F, F, V, V.

4. Assinale a alternativa correta quanto às definições e aos conceitos da investigação científica:

   a) Na etapa 1, identificar o problema é o mesmo que identificar o dado.
   b) Na etapa 2, a hipótese de pesquisa (Ho) representa a contradição da hipótese nula.
   c) Na etapa 3, referente à coleta de dados, a técnica de pesquisa pode ser direta (realizada pelo pesquisador) ou indireta (coleta documental ou bibliográfica).
   d) Na etapa 4, não é necessário discutir todos os resultados, pois a conclusão pode propor outra ideia.

5. Assinale V para as afirmações verdadeiras e F para as falsas.

   ( ) Na pesquisa em educação matemática, em grande parte dos estudos, uma variável interfere na outra, estabelecendo uma relação de independência.
   ( ) Na pesquisa em geral, as amostras podem ser probabilísticas (causais) e não probabilísticas (não causais).
   ( ) As relações entre escola, professor e aluno são exemplos de pesquisa etnográfica.
   ( ) Na etapa 3, o banco de dados pode ser somente populacional (quem), pois a amostra não é aconselhada em razão de não ser representativa.
   ( ) A etapa 1, de identificação da pesquisa, fundamenta-se em: objetivo (para que); justificativa (por que) e metodologia (como).

   Marque a alternativa que corresponde à sequência obtida:
   a) F, F, V, F, V.
   b) F, V, V, F, V.
   c) F, F, V, V, V.
   d) V, F, V, F, V.

Atividades de aprendizagem

Questões para reflexão

1. Leia o trecho a seguir, de Bernardete Angelina Gatti (2003, p. 387-388).

   > Impera a afirmação genérica de que nada é neutro, o que pode nos levar a admitir, no limite, que tudo na pesquisa é opinião do próprio pesquisador e não fruto de uma depuração séria à luz de uma dada perspectiva, de uma teorização, ou dos confrontos de valores pesquisador-pesquisado, pesquisador-pesquisador, pesquisador-grupos de referência. [...]. A leitura de inúmeros trabalhos nos mostra que adentrou-se por novas formas de abordagem metodológica mas, não se percebeu que os problemas de fundo são os mesmos e que qualitativo, em pesquisa, não é dispensa de rigor e consistência. Enveredar por novos caminhos considerados mais ajustados às necessidades de uma compreensão diferenciada do real, não quer dizer apenas utilizar outros tipos de instrumentos, mas sim transformar atitudes e perspectivas [...].

   Por meio desse fragmento, é possível perceber os impactos de tratar inadequadamente os dados na educação matemática. Reflita sobre as perspectivas da dualidade qualitativa/quantitativa.

2. Para Demo (2000, p. 33), "na condição de princípio científico, a pesquisa apresenta-se como a instrumentação teórico-metodológica para construir conhecimento". Reflita sobre esse trecho e comente-o.

Atividades aplicadas: prática

1. Selecione um artigo sobre a educação matemática. Após a leitura, identifique e descreva os itens a seguir, justificando a escolha do texto:
   a) população ou amostra;
   b) técnica de pesquisa direta ou indireta;
   c) método quantitativo ou qualitativo.

2. Acesse um dos *sites* para obtenção, análise e coleta de informações sugeridos na Seção 2.3.3. Localize um dado que tenha potencial para basear a realização de uma pesquisa e defina:
   a) o assunto;
   b) o tema;
   c) o problema;
   d) a classificação dos dados (qualitativos ou quantitativos);
   e) a classificação das variáveis (dependentes ou independentes).

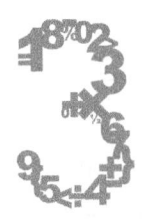

TIPOS DE PESQUISA

Existem vários tipos de pesquisa, cada uma com suas peculiaridades. Os estudos que abordam as pesquisas buscam desenvolver conteúdos e qualidades que possam orientar a investigação na área considerada. A classificação é feita mediante critérios e objetivos que direcionam o levantamento de dados daquilo que se pesquisa.

Segundo Demo (2000, p. 13), existem quatro gêneros de pesquisa, que podem ou não se intercomunicar. São eles:

1. **Teórica** – Formula quadros de referências, estuda teorias e apura conceitos.
2. **Metodológica** – Indaga por instrumentos e modos de fazer ciência e discute abordagens teórico-práticas.
3. **Empírica** – Codifica a face mensurável da realidade social.
4. **Prática ou pesquisa-ação** – Intervém na realidade social.

Em outra abordagem, Prodanov e Freitas (2013, p. 50) relatam que as pesquisas podem ser:

> [...]
>
> f) observações ou descrições originais de fenômenos naturais [...] etc.;
>
> g) trabalhos experimentais [...];
>
> h) trabalhos teóricos, de análise ou síntese de conhecimentos, levando à produção de conceitos novos, por via indutiva ou dedutiva [...].

Dito isso, ressaltamos que nenhum tipo de pesquisa é autossuficiente. Na prática, mesclam-se todos os tipos, porque "todas as pesquisas carecem de fundamentos teóricos e metodológicos" (Demo, 2000, p. 22). Assim, existem várias formas de se classificarem as pesquisas, conforme a Figura 3.1. Algumas já foram citadas como métodos científicos, e não como classificações da pesquisa, como os métodos experimental e observacional (métodos de procedimentos) e o método de abordagem. Nas seções a seguir, retomaremos esses métodos, com vistas a englobar o máximo possível de classificações, conforme Demo (2000), Silva (2004) e Prodanov e Freitas (2013).

Figura 3.1 – Tipos de pesquisa

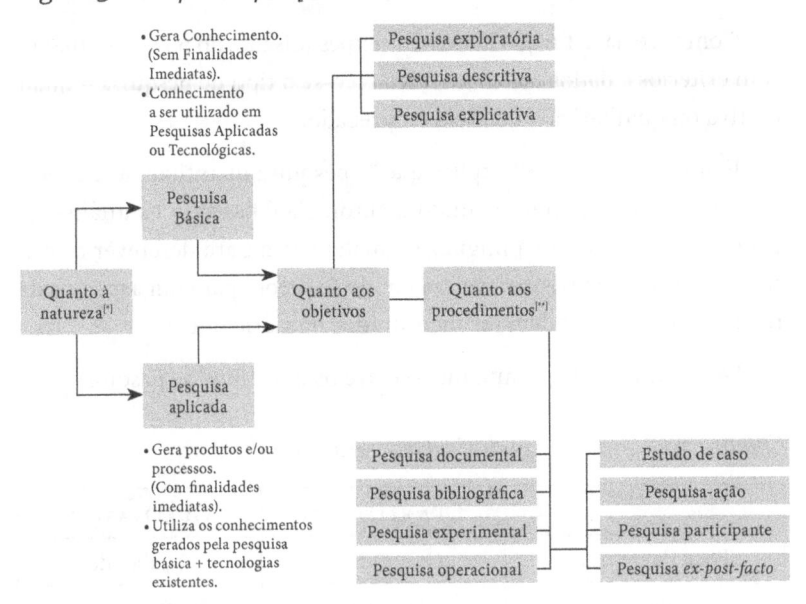

- Gera Conhecimento. (Sem Finalidades Imediatas).
- Conhecimento a ser utilizado em Pesquisas Aplicadas ou Tecnológicas.

Pesquisa exploratória
Pesquisa descritiva
Pesquisa explicativa

Pesquisa Básica

Quanto à natureza[*]
Quanto aos objetivos
Quanto aos procedimentos[**]

Pesquisa aplicada

- Gera produtos e/ou processos. (Com finalidades imediatas).
- Utiliza os conhecimentos gerados pela pesquisa básica + tecnologias existentes.

Pesquisa documental
Pesquisa bibliográfica
Pesquisa experimental
Pesquisa operacional

Estudo de caso
Pesquisa-ação
Pesquisa participante
Pesquisa *ex-post-facto*

[*] As pesquisas também podem ser classificadas, quanto à abordagem, como **quantitativas** ou **qualitativas**.

[**] Além dos procedimentos citados na figura, podemos destacar, também, as pesquisas de campo, etnográfica, de levantamento, com *survey* e etnometodológica

Fonte: Adaptado de Silva, 2004, citado por Prodanov; Freitas, 2013, p. 51.

3.1 QUANTO À ABORDAGEM

As principais abordagens metodológicas utilizadas são a qualitativa e a quantitativa. Já fizemos uma introdução a elas na Seção 2.2, ao tratarmos das abordagens filosóficas positivista (métodos quantitativos) e interpretacionista (métodos qualitativos). Assim, nesta seção, verificaremos as diferenças entre esses dois tipos de pesquisa.

3.1.1 Pesquisas qualitativa e quantitativa

Com base na definição do tema a ser pesquisado, do objeto de análise, com critérios e dados coletados, esclarece-se o tipo de pesquisa – quantitativa ou qualitativa – que será empregado.

Fonseca (2002, p. 20) explica que "a pesquisa quantitativa se centra na objetividade". Ainda segundo o autor, ela é baseada na análise de dados brutos e recorre à linguagem matemática para descrever as causas e as relações entre variáveis, além de se preocupar com aspectos da realidade que não podem ser mensurados numericamente.

Segue um quadro comparativo entre os dois tipos de pesquisa.

Quadro 3.1 – Pesquisa quantitativa versus qualitativa

	Quantitativa	**Qualitativa**
Foco da pesquisa	Quantidade	Qualidade
Busca	Extensão	Profundidade
Aspectos	Objetivos, lógicos (positivismo)	Subjetivos (fenomenologia)
Trabalho	Experimental, empírico, estatístico	De campo, etnografia, naturalismo, subjetivismo
Aplicação	Quantidades, números, indicadores e tendências	Valores, crenças e representações
Amostra	Grande, ampla	Pequena, não representativa
Enfoque na interpretação do objeto	Menor	Maior
Importância do contexto do objeto pesquisado	Menor	Maior
Proximidade do pesquisador em relação aos fenômenos estudados	Menor	Maior

(continua)

(Quadro 3.1 – conclusão)

	QUANTITATIVA	QUALITATIVA
Fonte de dados	Uma quantidade	Várias quantidades
Coleta de dados	Instrumentos manipulados (escala, teste, questionário etc.)	Pesquisador como o principal instrumento (entrevista, observação)
Ponto de vista do pesquisador	Externo à organização	Interno à organização
Quadro teórico e hipóteses	Definidos rigorosamente	Menos estruturados
Modo de análise	Dedutivo (pelo método estatístico)	Indutivo (pelo pesquisador)

Fonte: Elaborado com base em Prodanov; Freitas, 2013, p. 71.

Assim, o tipo de abordagem utilizado depende da investigação do pesquisador, mas é importante acrescentar que a pesquisa quantitativa e a qualitativa estão interligadas e complementam-se, visto que a utilização conjunta permite o acesso a mais informações. Segundo Silveira e Córdova (2009, p. 34), esses dois tipos "apresentam diferenças com pontos fracos e fortes. Contudo, os elementos fortes de um complementam as fraquezas do outro, fundamentais ao maior desenvolvimento da Ciência".

Dependendo do objeto a ser estudado e das características do que pode ser convertido em números, Silva (2003, p. 1) cita três tipos básicos de coleta de dados, levando em consideração a natureza do processo de mensuração:

- **Escala nominal ou classificadora** – Sexo 1 e 2 (masculino e feminino), classe socioeconômica 3, 2 e 1 (alta, média e baixa) etc.
- **Escala ordinal ou escala por postos** – Ordenação do grau de concordância com uma assertiva, classificação de alunos (1º, 2º, 3º, ..., 30º) etc.
- **Escala intervalar** – Temperatura (Celsius, Fahrenheit), altura (metro, centímetro, pés) etc.

Quadro 3.2 – Exemplos de pesquisas qualitativa e quantitativa

	Qualitativa	Quantitativa
Desempenho dos alunos	Abaixo do básico, básico e acima do básico	Nota dos alunos: 0 a 5, 5,1 a 7 e 7,1 a 10.
Rendimento escolar	Aprovação, reprovação e abandono	Taxas (80%, 20% e 0%)
Formação dos professores	Especialização, mestrado, doutorado e pós-doutorado	Valor numérico dos profissionais (1 250 professores especialistas)

Cada tipo de dado implica diferentes tipos de tratamento e de técnicas para a coleta de dados. Além disso, a forma de análise e interpretação define se a pesquisa é de abordagem predominantemente quantitativa ou qualitativa. Em outras palavras, o que traduz a pesquisa é o embasamento crítico e o confronto com a dinâmica do investigador.

As técnicas de análise para a investigação na pesquisa quantitativa são os métodos estatísticos (estatística descritiva, correlação, entre outros) e, na pesquisa qualitativa, as análises de conteúdos e discursos e a construção de teorias.

Autores como Creswell (2007), Flick (2007), Spratt, Walker e Robinson (2004) e André (2001) defendem a possibilidade de junção das duas abordagens, produzindo-se uma pesquisa considerada mista. Para mais detalhes, sugerimos consultar os autores citados.

No tocante à abordagem, convém trabalhar as pesquisas qualitativa e quantitativa com tratamentos distintos para cada levantamento de dado referente à natureza e aos objetivos, com a possibilidade de as diferenças se completarem.

3.2 Quanto à natureza

A pesquisa, do ponto de vista de sua natureza, pode ser básica ou aplicada.

3.2.1 Pesquisa básica

O objetivo da pesquisa básica é gerar conhecimentos novos para o avanço da ciência, mas sem aplicação imediata de qualquer natureza prevista. Segundo Prodanov e Freitas (2013, p. 51), envolve "verdades e interesses universais", além de aplicar o conhecimento pelo conhecimento. Exemplo: Investigação dos níveis de estresse dos profissionais da educação em sala de aula. Esse tipo de pesquisa tem a intenção de ampliar a compreensão do comportamento, mas não se preocupa em resolvê-lo.

3.2.2 Pesquisa aplicada

O objetivo da pesquisa aplicada é gerar conhecimentos para aplicação prática, ou seja, demanda instrumentos que provoquem inovações e desenvolvimento para a solução de problemas específicos. Conforme Prodanov e Freitas (2013, p. 51), envolve "verdades e interesses locais", bem como conhecimento, a curto ou a médio prazo, e definições de novos métodos. Exemplo: Pesquisa da principal causa que leva o professor a um nível de estresse elevado. Esse tipo de investigação é útil para solucionar o tema.

3.3 Quanto aos objetivos

Segundo Gil (2002, p. 41), quanto aos objetivos, "é possível classificar as pesquisas em três grandes grupos: exploratórias, descritivas e explicativas". A classificação é feita mediante critérios que possibilitem uma aproximação conceitual com base nos objetivos gerais.

3.3.1 Pesquisa exploratória

A pesquisa exploratória tem o intuito de "proporcionar maior familiaridade com o problema", estabelecendo critérios, métodos e técnicas, "com vistas a torná-lo mais explícito ou a construir hipóteses" (Gil, 2002, p. 41). A maioria dessas pesquisas envolve levantamento bibliográfico, entrevistas com profissionais da área, análise de exemplos que estimulem a compreensão, visitas a empresas e a instituições e consulta a *sites*.

O planejamento da pesquisa exploratória é flexível, o que permite o estudo do tema sob diversos ângulos, com vistas à descoberta e à elucidação de fenômenos ainda não explicados ou aceitos, mas "na maioria dos casos assume a forma de pesquisa bibliográfica ou de estudo de caso" (Gil, 2002, p. 41).

Um exemplo de pesquisa exploratória é a que envolve estudos tecnológicos para a obtenção de patentes, novos produtos e processos originados de experimentos, invenções ou inovações.

3.3.2 Pesquisa descritiva

Triviños (1987, p. 110) afirma que "a pesquisa descritiva exige do investigador uma série de informações sobre o que deseja pesquisar". Ainda conforme o autor, esse tipo de estudo "pretende descrever [...] os fatos e fenômenos de determinada realidade". São exemplos de pesquisa descritiva: estudos de caso, análises documentais, levantamentos e pesquisas *ex-post-facto*. Esses exemplos serão detalhados mais adiante, quando tratarmos dos procedimentos.

Segundo Gil (2002, p. 42),

> São incluídas neste grupo as pesquisas que têm por objetivo levantar as opiniões, atitudes e crenças de uma população. Também são pesquisas descritivas aquelas que visam descobrir a existência de associações entre variáveis, como, por exemplo, as pesquisas eleitorais que indicam a relação entre preferência político-partidária e nível de rendimentos ou de escolaridade.

Os estudos descritivos "são criticados, muitas vezes, porque pode existir uma exata descrição dos fenômenos e dos fatos. Estes fogem da possibilidade de verificação através da observação" (Triviños, 1987, p. 112). Assim, o pesquisador precisa examinar suas informações com bastante critério, para que não haja equívocos nos resultados, e delimitar precisamente "técnicas, métodos, modelos e teorias que orientarão a coleta e interpretação dos dados".

Segundo Prodanov e Freitas (2013, p. 52), a pesquisa descritiva procura "descobrir a frequência com que um fato ocorre, sua natureza, suas características, causas, relações com outros fatos. Assim, para coletar tais dados, utiliza-se de técnicas específicas, dentre as quais se destacam a entrevista, o formulário, o questionário, o teste e a observação".

Quando a finalidade do estudo são as características de um conjunto, podemos citar como exemplos de pesquisa descritiva o nível de escolaridade, o estado de saúde, a distribuição por idade, a rede de ensino e o nível de rendimento (Prodanov; Freitas, 2013).

A pesquisa descritiva aproxima-se da exploratória, pois ambas proporcionam uma nova concepção do problema.

3.3.3 Pesquisa explicativa

A pesquisa explicativa preocupa-se em identificar, classificar, explicar e interpretar fatos que ocorrem, ou seja, ocupa-se do porquê das ocorrências dos fenômenos e de suas causas por meio de observação. Segundo Gil (2002, p. 43), "pode ser a continuação de outra descritiva, posto que a identificação de fatores que determinam um fenômeno exige que este esteja suficientemente descrito e detalhado".

Conforme Gil (2002), são exemplos de pesquisa explicativa as experimentais e a *ex-post-facto*. Os processos desse tipo de pesquisa são complexos, uma vez que os fenômenos estudados devem ser registrados, analisados, classificados e interpretados. Seu objetivo é aprofundar o conhecimento da realidade por meio da possibilidade de manipular e controlar as variáveis, identificando qual é a independente ou a que determina a causa da variável dependente, para, em seguida, estudar o fenômeno em profundidade (Prodanov; Freitas, 2013).

3.4 Quanto aos procedimentos técnicos

A pesquisa científica é o resultado de um exame minucioso, realizado com o objetivo de resolver um problema recorrendo a procedimentos científicos em que "uma pessoa ou grupo capacitado (sujeito da investigação) aborda um aspecto da realidade (objeto da investigação), no sentido de comprovar experimentalmente" (Fonseca, 2002, p. 31) uma hipótese (pesquisa experimental), descrevê-la (pesquisa descritiva) ou explorá-la (pesquisa exploratória).

Ao se desenvolver uma investigação, é indispensável selecionar o método e os procedimentos de pesquisa que serão utilizados. De acordo com as características da pesquisa, podem-se escolher diferentes tipos e, ainda, aliar o método qualitativo ao quantitativo.

Abordaremos, a partir de agora, os tipos de pesquisa quanto aos procedimentos técnicos, ou seja, "a maneira pela qual obtemos os dados necessários para a elaboração da pesquisa" (Prodanov; Freitas, 2013, p. 54).

3.4.1 Pesquisa experimental

A pesquisa experimental é considerada por Gil (2016) o exemplo de pesquisa científica de melhor delimitação e maior prestígio. Contemplando um planejamento bastante exigente, ela define um objeto de estudo, escolhe as variáveis que poderiam influenciá-lo e determina o tipo de controle e observação das consequências que as variáveis provocam no objeto.

Segundo Triviños (1987, p. 112-113), as etapas de pesquisa iniciam-se pela "exata formulação do problema e das hipóteses que permitem uma delimitação precisa das variáveis que atuam no fenômeno estudado, fixando com exatidão a maneira de controlá-las".

Silveira e Córdova (2009, p. 36) asseveram que a "elaboração de instrumentos para a coleta de dados deve ser submetida a testes para assegurar sua eficácia em medir aquilo que a pesquisa se propõe a medir".

Em experimentos com objetos sociais, como pessoas, existem limitações relacionadas aos procedimentos dos comitês éticos e humanos. Os experimentos das ciências humanas, sociais, entre outras, passam por controle para não infligir conceitos éticos, uma vez que existem muitos experimentos desenvolvidos em laboratório, meio criado artificialmente, ou no campo, quando as condições de manipulação dos sujeitos são criadas nas próprias organizações, comunidades ou grupos.

Vale ressaltarmos que a pesquisa experimental não precisa, necessariamente, ser realizada em laboratório. Ela pode ser desenvolvida em qualquer lugar, desde que apresente as seguintes propriedades:

a) **manipulação**: o pesquisador precisa [...] manipular pelo menos uma das características dos elementos estudados;

b) **controle**: o pesquisador precisa introduzir um ou mais controles na situação experimental, sobretudo criando um grupo de controle;

c) **distribuição aleatória**: a designação dos elementos para participar dos grupos experimentais e de controle deve ser feita aleatoriamente. (Gil, 2002, p. 48, grifo do original)

Como exemplo de pesquisa experimental, podemos citar a busca pela cura do transtorno de déficit de atenção. Primeiramente, é necessário dispor de conhecimentos e resultados já obtidos para, então, observar como e quais serão as reações de um paciente a vários medicamentos já existentes. A pesquisa pode ser feita por meio da manipulação de diversas variáveis, capazes de identificar ou até mesmo de descobrir resultados tanto para o controle quanto para a cura, constatando-se, ao final do experimento, a inferência de cada fator na obtenção do resultado da investigação.

Na pesquisa experimental, o propósito "é apreender as relações de causa e efeito" (Fonseca, 2002, p. 38). Ao selecionar grupos de assuntos coincidentes e tratá-los diferentemente, é possível verificar as variáveis de interferência por meio das observações e das respostas, ou seja, averiguando se há correlações estatisticamente significantes.

Fonseca (2002) menciona duas modalidades de pesquisa experimental mais comuns:

1. Pesquisas com dois grupos homogêneos, denominados *experimental* e *de controle*. É aplicado um estímulo ao grupo experimental e, ao final, os dois grupos são comparados para se avaliarem as alterações.
2. Pesquisas com um único grupo, "definido previamente em função de suas características e geralmente reduzido" (Fonseca, 2002, p. 38). É aplicado um estímulo no grupo estudado e são avaliadas as transformações causadas.

A pesquisa experimental é, portanto, uma investigação em que o pesquisador é um agente ativo, e não um observador passivo.

3.4.2 Pesquisa bibliográfica

A pesquisa bibliográfica é realizada por meio de levantamentos fundamentados em referências teóricas previamente desenvolvidas e publicadas em meios escritos ou eletrônicos, como livros, artigos científicos e *sites* especializados. É o princípio de todo trabalho científico, uma vez que auxilia o pesquisador a compreender mais profundamente o assunto proposto. Algumas pesquisas são embasadas somente no estudo bibliográfico, buscando referências teóricas publicadas com o único propósito de compilar informações ou conhecimentos prévios a respeito do problema (Fonseca, 2002).

A seguir, uma possível lista de etapas da pesquisa bibliográfica, de acordo com Gil (2016):

- Determinar os objetivos.
- Elaborar um plano de trabalho.
- Identificar as fontes.
- Localizar as fontes e obter o material.
- Ler o material.
- Fazer apontamentos.
- Confeccionar fichas.
- Redigir o trabalho.

Pode-se citar como exemplo de pesquisa bibliográfica a investigação da quantidade de artigos publicados em periódicos nacionais de educação matemática entre os anos 2000 e 2016, com o objetivo de traçar as tendências metodológicas nessa área no período. Autores como Carvalho, Oliveira e Rezende (2009) realizaram investigações nesse campo de estudo.

Segundo Gil (2002, p. 44), a "pesquisa bibliográfica é desenvolvida com base em material já elaborado, constituído principalmente de livros e artigos científicos". A vantagem desse tipo de pesquisa é permitir ao pesquisador "uma gama de fenômenos muito mais ampla" (Gil, 2002, p. 45). Em contrapartida, pode comprometer a qualidade da pesquisa, porque muitas fontes são secundárias e seus dados podem ter sido coletados de forma equivocada.

Recomendamos, nesse caso, que o pesquisador supere o investigador, ou seja, assegure-se das condições em que os dados foram obtidos e analise criteriosamente cada informação, a fim de verificar possíveis inconsistências e erros (Gil, 2002).

3.4.3 Pesquisa documental

A pesquisa documental assemelha-se à bibliográfica. A diferença entre elas está na natureza das fontes: a primeira faz uso de fontes diversas, sem tratamento analítico, ao passo que a segunda se utiliza fundamentalmente de contribuições de diversos autores sobre determinado assunto (Gil, 2002).

> as fontes documentais vêm se ampliando consideravelmente. Assim, o pesquisador pode valer-se de documentos contidos em fotografias, filmes, gravações sonoras, disquetes, CD-ROM, DVDs etc. [...] podem ser considerados documentos cartas, bilhetes, fotografias e até mesmo as pichações em prédios públicos e as inscrições em portas de banheiros. (Gil, 2016, p. 66)

As etapas da pesquisa documental são semelhantes às da pesquisa bibliográfica. O ponto fundamental é que ela se baseia em documentos; logo, os dados são estáveis e constituem fonte rica de observação. "Como os documentos subsistem ao longo do tempo, tornam-se a mais importante fonte de dados em qualquer pesquisa de natureza histórica" (Gil, 2002, p. 46).

Entre as vantagens da pesquisa documental, Gil (2002) destaca duas:

1. O custo baixo, pois exige apenas disponibilidade de tempo.
2. A não exigência de contato com os sujeitos da pesquisa, possibilitando maior confiabilidade dos dados.

Um exemplo de pesquisa documental seria a investigação das diretrizes curriculares de Matemática para a educação básica, que tratam da tendência de modelagem na disciplina. Para mais informações sobre o assunto, sugerimos a consulta aos documentos elaborados pela Secretaria de Estado da Educação do Paraná (2008, 2009).

Existem críticas à pesquisa documental que apontam a falta de "representatividade e subjetividade dos documentos". Assim, é recomendado analisar uma vasta quantidade de documentos e escolher alguns pelo "critério de aleatoriedade". Da mesma forma, a objetividade é um problema relativamente presente em toda investigação social. Portanto, antes de concluir seu trabalho, o pesquisador deve refletir cuidadosamente sobre as várias implicações relacionadas aos documentos selecionados. Apesar dessas críticas, muitas pesquisas produzidas com base em documentos são importantes "não porque respondem definitivamente a um problema, mas porque proporcionam melhor visão desse problema ou, então, hipóteses que conduzem a sua verificação por outros meios" (Gil, 2002, p. 47).

3.4.4 Pesquisa de levantamento

Na pesquisa de levantamento, o questionamento é feito diretamente aos indivíduos cujo comportamento será analisado. Primeiramente, são solicitadas informações sobre o problema estudado a um conjunto relevante de pessoas, para, depois, por meio de análise quantitativa, obterem-se resultados correspondentes aos dados coletados (Gil, 2002).

Um exemplo de pesquisa de levantamento é o censo, um estudo estatístico referente a uma população. Os dados disponibilizados são extremamente úteis, pois proporcionam informações sobre toda a população de um país. Esse tipo de pesquisa exige amplos recursos, por isso a coleta de dados costuma ser realizada pelo governo ou por instituições. Um órgão responsável por essa atividade no Brasil é o Instituto Brasileiro de Geografia e Estatística (IBGE), e o último censo no país foi realizado em 2010.

As fases da pesquisa de levantamento são:
- definição de hipóteses e objetivos;
- operacionalização de conceitos e de variáveis;
- estudo piloto;
- definição da amostra;
- escolha dos instrumento de coleta de dados;
- organização dos dados;
- análises descritivas ou estatísticas;
- apresentação dos resultados (tabelas ou gráficos).

Gil (2002, p. 51) afirma que, na maioria dos levantamentos,

> não são pesquisados todos os integrantes da população estudada. Antes seleciona-se, mediante procedimentos estatísticos, urna amostra significativa de todo o universo, que é tomada como objeto de investigação. As conclusões obtidas com base nessa amostra são projetadas para a totalidade do universo, levando em consideração a margem de erro, que é obtida mediante cálculos estatísticos.

Conforme o autor anteriormente citado, entre as principais vantagens dos levantamentos estão:

- **Conhecimento direto da realidade** – Como os próprios indivíduos informam sobre seu comportamento, a investigação é "mais livre de interpretações calcadas no subjetivismo dos pesquisadores" (Gil, 2002, p. 51).
- **Rapidez** – Uma equipe de entrevistadores treinados e a aplicação de questionários permitem uma rápida obtenção de dados.
- **Quantificação** – Os dados podem ser agrupados em tabelas, propiciando sua análise estatística; com amostras probabilísticas, há ainda a possibilidade de se conhecer a margem de erro dos resultados.

Ainda segundo Gil (2016, p. 36-37, grifo do original), as principais limitações dos levantamentos são:

a. **Ênfase nos aspectos perceptivos**: os levantamentos recolhem dados referentes à percepção que as pessoas têm acerca de si mesmas. [...];

b. **Pouca profundidade no estudo da estrutura e dos processos sociais**: [...] determinados, sobretudo, por fatores interpessoais e institucionais [...];

c. **Limitada apreensão do processo de mudança**: [...] proporciona visão estática do fenômeno estudado. [...] mas não indica suas tendências à variação e muito menos as possíveis mudanças estruturais [...].

A pesquisa por levantamento, apropriada para estudos descritivos e explicativos, é muito útil em estudos como preferência eleitoral, comportamento do consumidor e opiniões públicas.

3.4.5 Pesquisa de campo

Na pesquisa de campo, a coleta de dados é realizada por meio de diversos tipos pesquisa, como *ex-post-facto*, pesquisa-ação e pesquisa participante, de que trataremos mais adiante.

Segundo Gil (2002, p. 53), a pesquisa de campo apresenta as seguintes características:

- Busca mais "o aprofundamento das questões propostas do que a distribuição das características da população segundo determinadas variáveis".
- Seu planejamento apresenta flexibilidade, podendo ser reformulado ao longo da pesquisa.
- Estuda um único grupo em termos de sua estrutura social.
- Utiliza muito mais técnicas de observação do que de interrogação.
- É o "modelo clássico de investigação no campo da Antropologia".

- Focaliza uma comunidade de trabalho, de estudo, de lazer ou voltada para qualquer outra atividade humana, sem ser necessariamente geográfica.
- É "desenvolvida por meio da observação direta das atividades do grupo estudado e de entrevistas com informantes para captar suas explicações e interpretações do que ocorre no grupo".
- "o pesquisador realiza a maior parte do trabalho pessoalmente" para entender às regras de costumes e convenções do grupo estudado.
- "seus resultados costumam ser mais fidedignos".
- É econômica, pois "não requer equipamentos especiais para a coleta de dados".
- Com uma maior participação do pesquisado, a probabilidade é de que os sujeitos ofereçam respostas mais confiáveis.
- "requer muito mais tempo do que um levantamento".
- Os dados costumam ser coletados por um único pesquisador, com a possibilidade de subjetivismo na análise e na interpretação dos resultados.

Um exemplo de pesquisa de campo é um estudo sobre o abandono escolar, com a verificação de suas causas. Para Gil (2002), esse estudo assemelha-se ao levantamento. Este tem maior alcance, e a pesquisa de campo, maior profundidade.

3.4.6 Pesquisa *ex-post-facto*

A tradução literal do termo *ex-post-facto* é "a partir do fato passado". Logo, a principal característica dessa pesquisa é o fato de os dados serem coletados após a ocorrência dos eventos. Segundo Gil (2002, p. 49, grifo do original), isso significa "que neste tipo de pesquisa o estudo foi realizado após a ocorrência de **variações** na **variável** dependente no curso natural dos acontecimentos".

Fonseca (2002, p. 32) esclarece que "a pesquisa *Ex-Post-Facto* é utilizada quando há impossibilidade de aplicação da pesquisa experimental, pelo fato de nem sempre ser possível manipular as variáveis necessárias para o estudo da causa e do seu efeito".

As investigações sobre evasão, abandono e reprovação escolar, com a análise de suas causas, são exemplos de pesquisa *ex-post-facto*, cuja principal finalidade é semelhante à da pesquisa experimental: averiguar a relação entre as variáveis. A diferença mais significativa entre essas duas categorias é que, na pesquisa *ex-post-facto*, "o pesquisador não dispõe de controle sobre a variável independente" (Gil, 2002, p. 49) e, portanto, busca identificar situações que evoluíram naturalmente e trabalhá-las como se estivessem sujeitas a controle.

A pesquisa *ex-post-facto* é chamada de *correlacional*, porque constata a existência de relação entre variáveis.

3.4.7 Pesquisa com *survey*

O objetivo primordial da pesquisa com *survey* é obter informações diretamente de um grupo de interesse específico – uma parcela representativa da população-alvo –, em geral, por meio de questionário. É uma ferramenta válida especialmente em pesquisas exploratórias e descritivas (Santos, 1999).

Como exemplo desse tipo de pesquisa, podemos citar um estudo sobre a opinião dos alunos com relação ao ensino médio em tempo integral. Os dados ou as informações que se deseja obter sobre o tema determinam a população-alvo e, com a utilização de um questionário como instrumento de pesquisa, o respondente não é identificável.

Segundo Freitas et al. (2000, p. 105-106), a pesquisa com *survey* é apropriada quando:

- se deseja responder a estas questões: o que, por quê, como e quando;
- não há interesse ou possibilidade de controlar as variáveis dependentes ou independentes;
- "o ambiente natural é a melhor situação para estudar o fenômeno de interesse";
- o objeto ocorre no presente ou no passado recente.

A pesquisa em *survey* é muito utilizada em pesquisas políticas, em que a opinião pode ser afetada pela presença do pesquisador, que busca a compreensão com o menor número de variáveis possível e que a medição na obtenção dos dados seja tratada com ética.

3.4.8 Estudo de caso

O estudo de caso "consiste no estudo profundo e exaustivo de um ou poucos objetos, de maneira que permita seu amplo e detalhado conhecimento, tarefa praticamente impossível mediante outros delineamentos já considerados" (Gil, 2002, p. 54).

Essa modalidade de pesquisa é amplamente utilizada no método qualitativo, pois seus altos níveis de estruturação são demandas, principalmente, nas ciências biomédicas e sociais, com diferentes propósitos, conforme apresentados por Gil (2002, p. 54):

a) explorar situações da vida real [...];

b) preservar o caráter unitário do objeto estudado;

c) descrever a situação do contexto em que está sendo feita determinada investigação;

d) formular hipóteses ou desenvolver teorias; e

e) explicar as variáveis causais de determinado fenômeno em situações muito complexas que não possibilitam a utilização de levantamentos e experimentos.

Uma objeção ao estudo de caso, segundo Gil (2002, p. 55), é que a análise

> de um único ou de poucos casos [...] fornece uma base muito frágil para a generalização. No entanto, os propósitos do estudo de caso não são os de proporcionar o conhecimento preciso das características de uma população, mas sim o de proporcionar uma visão global do problema ou de identificar possíveis fatores que o influenciam ou são por ele influenciados.

Convém ressaltarmos que um bom estudo de caso é tarefa difícil de realizar. O pesquisador deve estar alerta para que, ao final de sua pesquisa, não tenha apenas um amontoado de dados impossíveis de serem analisados e interpretados.

Os estudos de caso contam com pelo menos seis etapas:

1. Escolha do caso.
2. Delimitação do caso.
3. Coleta de dados.
4. Análise descritiva.
5. Interpretação dos dados.
6. Relatório.

Para exemplificar um estudo de caso, podemos citar a análise de como a modelagem matemática é abordada no ensino fundamental. Observe que se trata de uma pesquisa específica, pois consiste no estudo de um único objeto com caso particular.

O estudo de caso procura conhecer o **como** e o **porquê** de uma condição considerada única, com o objetivo de descobrir o que é essencial e característico no fenômeno estudado. Assim, busca armazenar o máximo de informações com vistas a possibilitar o conhecimento detalhado do caso em estudo.

3.4.9 Pesquisa participante

Na pesquisa participante, há o envolvimento direto do pesquisador com o investigado. É um tipo de pesquisa educacional voltado à ação, no qual a comunidade ou o grupo participa da análise de sua própria realidade.

Segundo Fonseca (2002, p. 34), ela teve origem com Bronislaw Malinowski, que, para "conhecer os nativos das ilhas Trobriand", se tornava integrante do grupo e "montava sua tenda nas aldeias que desejava estudar, aprendia suas línguas e observava sua vida quotidiana".

Silveira e Córdova (2009, p. 40) mencionam como "exemplos de aplicação da pesquisa participante [...] o estabelecimento de programas públicos ou plataformas políticas e a determinação de ações básicas de grupos de trabalho".

A pesquisa participante compreende posições valorativas, originadas especialmente no humanismo cristão e em alguns conceitos marxistas; portanto, é bastante prestigiada entre grupos religiosos direcionados a ações comunitárias. Por seu empenho na minimização da relação entre dirigentes e dirigidos, tem como foco principal o estudo de "grupos desfavorecidos", especificamente de "operários, camponeses, índios etc." (Gil, 2002, p. 56).

Como exemplo desse tipo de pesquisa, podemos citar a obtenção de dados sobre analfabetos que decidem mudar sua situação e aprender a ler. Deve haver discussão com os participantes e, em seguida, trocas de opinião para iniciar os estudos dos objetivos, dos conceitos, das hipóteses e dos métodos.

3.4.10 Pesquisa-ação

A pesquisa-ação é planejada pelo pesquisador com uma metodologia sistemática, pois busca transformar a realidade observada a partir de sua compreensão, seu conhecimento e seu compromisso (Fonseca, 2002). Pode ser descrita como uma investigação social com embasamento empírico, estruturada e realizada em vínculo com ações ou resoluções de problemas coletivos. Tanto os pesquisadores quanto os participantes se envolvem de modo cooperativo ou participativo (Thiollent, 1988).

Seu primeiro momento é a exploração do local a ser pesquisado, a fim de se diagnosticar o problema principal na visão do grupo, com a possibilidade de intervenção para saná-lo. Nesse processo, existe o compromisso tanto do grupo quanto do pesquisador em planejar a ação, por meio de reuniões, de seminários de discussão e de avaliações (Matos; Vieira, 2001).

Segundo Tripp (2005, p. 446), a pesquisa-ação é

> um ciclo no qual se aprimora a prática pela oscilação sistemática entre agir no campo da prática e investigar a respeito dela. Planeja-se, implementa-se, descreve-se e avalia-se uma mudança para a melhora de sua prática, aprendendo mais, no correr do processo, tanto a respeito da prática quanto da própria investigação.

Figura 3.2 – Fases do ciclo básico da pesquisa-ação

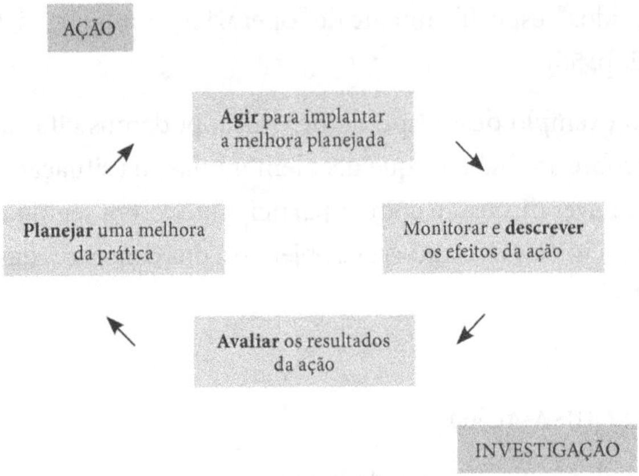

```
                        AÇÃO

                ┌─────────────────────┐
                │  Agir para implantar │
                │  a melhora planejada │
                └─────────────────────┘
              ↗                         ↘
┌──────────────────────┐      ┌──────────────────────┐
│ Planejar uma melhora │      │ Monitorar e descrever│
│      da prática      │      │  os efeitos da ação  │
└──────────────────────┘      └──────────────────────┘
              ↖     ┌──────────────────────┐    ↙
                    │ Avaliar os resultados │
                    │       da ação         │
                    └──────────────────────┘

                                    INVESTIGAÇÃO
```

Fonte: Adaptado de Tripp, 2005, p. 446.

Fonseca (2002, p. 35) explica que o objeto da pesquisa-ação

> é uma situação social situada em conjunto e não um conjunto de variáveis isoladas [...]. O pesquisador quando participa na ação traz consigo uma série de conhecimentos que serão o substrato para a realização da sua análise reflexiva sobre a realidade e os elementos que a integram. A reflexão sobre a prática implica em modificações no conhecimento do pesquisador.

Moreira e Caleffe (2008) apresentam pontos fundamentais em que a pesquisa-ação é apropriada:

- **Métodos de ensino** – Substituir métodos.
- **Estratégias de aprendizagem** – Adotar outros estilos.

- **Procedimentos de avaliação** – Melhorar os métodos de avaliação.
- **Atitudes e valores** – Incentivar ou modificar atitudes.
- **Desenvolvimento pessoal dos professores** – Aperfeiçoar e desenvolver métodos de aprendizagem.
- **Gerenciamento e controle** – Modificação de comportamento.
- **Gestão** – Aumentar a eficiência administrativa da vida escolar.

Como exemplo de pesquisa-ação na educação, podemos citar a solução de problemas de professores, administradores e alunos com o intuito de melhorar a qualidade do ensino e da aprendizagem.

3.4.11 Pesquisa etnográfica

A pesquisa etnográfica, abordada no capítulo anterior como metodologia, é o estudo de um grupo ou um povo. Conforme Gerhardt e Silveira (2009), André (2001) e Matos e Vieira (2001), suas principais características são:

- uso de observação, entrevista intensiva e análise de documentos dos participantes;
- interação entre pesquisador e objeto pesquisado;
- flexibilidade para modificar os rumos da pesquisa;
- ênfase no processo, e não nos resultados finais;
- visão dos sujeitos pesquisados sobre suas experiências;
- não intervenção do pesquisador sobre o ambiente pesquisado;
- período variado, que pode abranger semanas, meses e até anos;
- coleta de dados descritivos, transcritos literalmente para utilização no relatório.

São exemplos de pesquisa etnográfica as análises das relações entre escola, professor e aluno, com a finalidade de se conhecerem os problemas decorrentes dessa interação (Fonseca, 2002).

3.4.12 Pesquisa etnometodológica

A pesquisa etnometodológica surgiu na Califórnia, no final da década de 1960, tendo como marco fundador a publicação do livro *Studies in Ethnomethodology* (em tradução livre, *Estudos sobre etnometodologia*), de Harold Garfinkel, em 1967 (Coulon, 1995).

"O termo etnometodologia se refere, nas suas raízes gregas, às estratégias que as pessoas utilizam cotidianamente para viver. Tendo essa referência por norte, a pesquisa etnometodológica visa compreender como as pessoas constroem ou reconstroem a sua realidade social" (Fonseca, 2002, p. 36). Portanto, essa pesquisa analisa os procedimentos a que os indivíduos recorrem para concretizar suas ações diárias.

Com o intuito de estudar as ações dos sujeitos na vida, a pesquisa etnometodológica "baseia-se em uma multiplicidade de instrumentos" (Fonseca, 2002, p. 37), entre os quais podemos citar:

- a observação direta;
- a observação participante;
- entrevistas;
- estudos de relatórios e de documentos administrativos;
- gravações em vídeo e áudio.

Um exemplo de pesquisa etnometodológica seria a observação diária de quantos alunos não realizam as tarefas, anotando, comunicando, questionando os participantes pesquisados, estudando e apresentando uma decisão.

De acordo com Silveira e Córdova (2009, p. 42), baseadas em Coulon (1995, p. 90), "a análise etnometodológica esclarece de que maneira cada grupo e cada membro apreende e dá sentido à realidade e por quais processos intersubjetivos a mediação da linguagem entre os grupos e seus lugares constrói a realidade social que afirmam".

3.4.13 Pesquisa de coorte

A pesquisa de coorte aborda grupos de pessoas com "alguma característica comum, constituindo uma amostra a ser acompanhada por certo período de tempo, para se observar e analisar o que acontece com elas" (Gil, 2002, p. 50).

Segundo Gil (2002), existem dois tipos de pesquisa de coorte:

1. **Prospectivo/contemporâneo** – Executado no presente com planejamento e acompanhamento rigorosos.

2. **Retrospectivo/histórico** – Feito com base em registros do passado com seguimento até o presente, é viável apenas "quando se dispõe de arquivos com protocolos completos e organizados" (Gil, 2002, p. 50).

A desvantagem da pesquisa de coorte é que ela não se utiliza da aleatoriedade para compor a amostra, que precisa ser representativa, ou seja, a amostra torna-se grande, e o custo da pesquisa, alto.

Um exemplo dessa pesquisa seria investigar se a desnutrição afeta o desenvolvimento educacional de crianças entre 5 e 6 anos.

Síntese

Ao elaborar uma pesquisa, o investigador precisa ter clareza de que uma característica pode complementar a outra, como as abordagens quantitativas e as qualitativas. A articulação entre os tipos de pesquisa depende das estratégias utilizadas pelo pesquisador – um exemplo é a junção do estudo de caso com a pesquisa bibliográfica, que possibilita um maior enriquecimento na construção de novos conhecimentos.

A definição do tipo de pesquisa é uma necessidade real para que o investigador tenha um bom desempenho e obtenha uma resposta adequada ao problema proposto.

No Quadro 3.3, a seguir, mostramos como o pesquisador pode desenvolver sua pesquisa, seguindo os tipos de pesquisa apresentados na Figura 3.1, conforme sua natureza e suas características. Vale ressaltarmos que se trata de uma síntese de vários tipos, sendo possível agrupá-los de acordo com as diversas classificações. Prodanov e Freitas (2013, p. 71) afirmam que "uma mesma pesquisa pode adotar características de mais de um tipo, no entanto, um deles será predominante".

Quadro 3.3 – Tipos de pesquisa e suas características

TIPO DE PESQUISA			CARACTERÍSTICAS		
Quanto à natureza	Quanto à forma de abordagem do problema	Quanto aos fins da pesquisa	Quanto aos procedimentos	Gerais	Tipos de instrumento
Básica	Quantitativa	Exploratória*	Bibliográfica	Base em material já elaborado	Fontes bibliográficas
Básica	Quantitativa	Exploratória*	Documental	Materiais que não receberam tratamento [...]	Fontes secundárias [...]
Aplicada	Qualitativa	Descritiva[*]	Experimental	[...] relação entre variáveis	Plano da pesquisa [...]
Aplicada	Qualitativa	Descritiva[*]	Ex-post-facto	Conhecer comportamento [...]	Observação, questionário e entrevistas
Aplicada	Qualitativa	Descritiva[*]	Levantamento	[...] Estudo aprofundado de um ou poucos objetos	Questionário, entrevista e formulário
Aplicada	Qualitativa	Explicativa	Estudo de campo[**]		[...] Questionário, entrevistas, formulários e observação
Aplicada	Qualitativa	Explicativa	Estudo de caso[***]		Várias técnicas

[*] Entre as pesquisas descritivas, também citamos a pesquisa etnográfica, cuja **característica geral** consiste em observação e interação do pesquisador com o participante, e cujo **tipo de instrumento** é a pesquisa intensiva.

[**] Citamos como catacterística geral o aprofundamento dos traços de um único grupo.

[***] Citamos como característica geral a exploração da vida real e preservação do caráter unitário do objeto.

Fonte: Adaptado de Prodanov; Freitas, 2013, p. 72

É possível aplicar esses tipos à pesquisa em educação matemática de acordo com os interesses do pesquisador, visto que a área em estudo perpassa outras áreas de investigação. O importante é ter consciência de que natureza, abordagem, objetivo e procedimentos a serem adotados devem estar interligados, pois todos se completam.

Atividades de autoavaliação

1. Assinale V para as afirmações verdadeiras e F para as falsas:

    ( ) Quanto à abordagem, existem pesquisas qualitativas e quantitativas.

    ( ) Quanto à natureza, há pesquisas básicas e aplicadas.

    ( ) Quanto aos objetivos, existem pesquisas exploratórias, descritivas e documentais.

    ( ) Quanto aos procedimentos, há pesquisas bibliográficas, experimentais, operacionais e explicativas e estudos de caso.

    ( ) A pesquisa aplicada gera produtos, e a pesquisa básica, conhecimento.

    Marque a alternativa que corresponde à sequência obtida:

    a) V, V, F, F, V.
    b) V, V, V, F, V.
    c) V, F, V, F, V.
    d) V, F, V, F, F.

2. Assinale a alternativa **incorreta**:

    a) Na pesquisa experimental, o pesquisador inicia pela formulação exata do problema e das hipóteses, que delimitam as variáveis precisas e controladas que atuam no fenômeno estudado.

    b) A pesquisa de levantamento pode ser expressa pela interrogação direta das pessoas, mediante análises quantitativas, para a obtenção das conclusões correspondentes aos dados coletados.

c) Na pesquisa descritiva, o pesquisador observa, registra, analisa e interpreta os fatos com inferência.

d) A pesquisa-ação é planejada pelo pesquisador com uma metodologia sistemática, pois busca transformar a realidade observada por meio de compreensão, conhecimento e compromisso.

3. Assinale V para as afirmações verdadeiras e F para as falsas:

( ) A pesquisa-ação é planejada pelo pesquisador de forma aleatória, pois visa à realidade a partir da compreensão.

( ) As análises da evasão, do abandono e da reprovação escolar são exemplos de pesquisa *ex-post-facto*, pois é possível analisar suas causas.

( ) As investigações das relações entre escola, professor e aluno são exemplos de pesquisa etnográfica.

( ) A pesquisa qualitativa é centrada na objetividade da análise estatística descritiva.

( ) A pesquisa com *survey* busca informação diretamente de um grupo de interesse.

Marque a alternativa que corresponde à sequência obtida:

a) F, F, V, F, V.
b) F, V, V, F, V.
c) F, F, V, V, V.
d) V, F, V, F, V.

4. Assinale a alternativa correta:

a) A pesquisa exploratória conta com um planejamento formatado sem construir hipóteses.

b) A pesquisa explicativa preocupa-se com o conjunto coletado e não há controle das variáveis.

c) A pesquisa documental é semelhante à bibliográfica; a diferença é que aquela utiliza fontes com tratamentos analíticos.

d) A pesquisa etnometodológica baseia-se nas ações diárias.

5. Assinale V para as afirmações verdadeiras e F para as falsas:

    ( ) Pesquisa bibliográfica e estudo de caso são exemplos de pesquisa exploratória.

    ( ) As fases da pesquisa etnometodológica são: descrever, formular hipóteses, explicar e analisar hipóteses.

    ( ) Estudo de caso, análise documental e pesquisa *ex-post-facto* são exemplos de pesquisa descritiva.

    ( ) As fases da pesquisa de levantamento são: agir, monitorar, avaliar e planejar.

    ( ) A pesquisa experimental e a *ex-post-facto* são exemplos de pesquisa explicativa.

    Marque a alternativa que corresponde à sequência obtida:

    a) F, F, V, F, V.
    b) F, V, V, F, V.
    c) F, F, V, V, V.
    d) V, F, V, F, V.

Atividades de aprendizagem

Questões para reflexão

1. O professor pesquisador pode fazer da sala de aula seu laboratório. Reflita sobre os tipos de pesquisa relacionados na imagem a seguir.

Figura 3.3 – Tipos de pesquisa

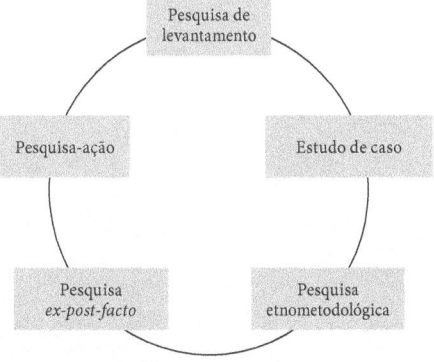

2. Segundo Bicudo (2011, p. 17), ao se investigar o objeto de estudo, é necessário fazer as seguintes perguntas:

> O que a quantificação esclarece sobre o objeto estudado? Como quantifico? Quando qualifico, o que qualifico? Atividades de ensino? Processos cognitivos? Propostas públicas de educação? Como qualifico? Em que se baseia a qualificação que estou efetuando? O que ela me diz do objeto investigado?

Reflita sobre as questões levantadas pela autora e responda: Elas realmente abrem um leque de respostas possíveis? O tipo de pesquisa conduz o investigador a efetuar um movimento de análise dos procedimentos para o processo de produção de conhecimento deslanchar?

Atividade aplicada: prática

1. Selecione um dos artigos indicados a seguir, que abordam a pesquisa em educação matemática. Realize a leitura do texto escolhido e, em seguida, relate e justifique:

    a) o(s) tipo(s) de pesquisa utilizado(s) pelo(s) autor(es);
    b) se a pesquisa é qualitativa ou quantitativa, caso tenha havido coleta de dados.

COELHO, E. C.; RIBEIRO JUNIOR, P. J.; BONAT, W. H. Exame nacional de desenvolvimento de estudantes de estatística: desafios e perspectivas pela TRI. **Revista da Estatística da Universidade Federal de Ouro Preto**, v. 3, n. 2, p. 323-337, 2014. Disponível em: <http://www.cead.ufop.br/jornal/index.php/rest/article/view/524/428>.

MIGUEL, A. et al. A educação matemática: breve histórico, ações implementadas e questões sobre sua disciplinarização. **Revista Brasileira de Educação**, Rio de Janeiro, v. 27, p. 70-93, set./dez. 2004. Disponível em: <http://www.scielo.br/pdf/rbedu/n27/n27a05.pdf>. Acesso em: 23 mar. 2018.

ORTEGA, E. M. V.; SANTOS, V. de M. Formação de professores no contexto da educação matemática. **Série-Estudos: Periódico do Programa de Pós-Graduação em Educação da UCDB**, Campo Grande, n. 26, p. 11-22, jul./dez. 2008. Disponível em: <http://www.serie-estudos.ucdb.br/index.php/serie-estudos/article/view/192/273>. Acesso em: 23 mar. 2018.

Educação matemática como campo de pesquisa

Na introdução deste livro, abordamos superficialmente a educação matemática no contexto geral. Neste capítulo, a intenção é estender o assunto desde uma visão geral da disciplina até formas de conhecimento para o campo de pesquisa. Nesse sentido, pretendemos tecer considerações sobre metas e objetivos e realizar investigações científicas sobre como a pesquisa em educação matemática é utilizada na prática docente, nos processos de ensino curriculares, na aprendizagem dos discentes e no âmbito escolar – um campo integrador de assuntos pertinentes à educação e à matemática, mas com investigação especificamente em educação matemática.

Segundo Bourdieu et al. (1999), *campos* são espaços estruturados de posições/postos, nos quais certos tipos de bens, que podem ter quantidades estruturadas, são construídos, conduzidos e classificados. Como exemplos, podemos citar os campos literário, artístico e científico.

Bicudo (1993, p. 18) levanta três apontamentos sobre a pesquisa em educação matemática:

1. O que é importante em uma pesquisa?
2. O que é importante na pesquisa em educação matemática?
3. A pesquisa em educação matemática é importante?

Esses questionamentos remetem ao que já foi mencionado nos capítulos anteriores – pesquisar é procurar com cuidado, inquirir, informar-se bem, em um processo no qual rigor e sistematicidade são aspectos essenciais, também discutidos pela autora.

As pesquisas em educação matemática, ou didática da matemática, não são totalmente distintas, uma vez que apresentam assuntos comuns. A educação matemática está constituída, mas não totalmente desenvolvida. Bicudo (1993, p. 19) afirma que a preocupação é compreender como fazer matemática, com seus "significados sociais, culturais e históricos"; no entanto, para isso, a realidade brasileira necessita de estrutura de ensino. A pesquisa nessa área requer domínio dos conhecimentos psicológico, histórico, filosófico e matemático, ou seja, de múltiplas áreas, a fim de realizar inferências nos contextos educacionais, que precisam ser desdobrados, interpretados, acompanhados e refletidos nos processos do saber e do fazer.

Para Bicudo (1993), pesquisar, em educação matemática, é importante, desde que a pesquisa seja elaborada de modo cuidadoso e sistemático, com o andar em torno de uma interrogação, e que seja comunicada ao público, discutida, criticada e conceituada e gere outra pesquisa. Assim, o pesquisador é professor da pesquisa em educação matemática, permitindo a compreensão de seus significados e de sua utilização no mundo. A comunidade de pesquisadores vem crescendo em grupos de estudo, publicações de revistas eletrônicas, fóruns, *blogs* e tantos outros meios de divulgação, com o Brasil no palco de debates de importantes seminários e congressos nacionais e internacionais.

4.1 Evolução dos fatos históricos na educação matemática no Brasil

A pesquisa em educação matemática caracteriza a educação em áreas de conhecimento interdisciplinares com o entrelaçamento da matemática. A investigação parte do estudo e do desenvolvimento de técnicas mais eficientes de ensinar e aprender. Segundo D'Ambrósio (1993), a educação matemática é a metodologia em matemática no sentido mais amplo. Para a construção de seu conhecimento, além de elaborar seus próprios princípios, deve investigar meios de fazer o aluno apreender um conteúdo, bem como problematizar o conhecimento matemático e refletir sobre ele.

Quando falamos em *pesquisa em educação matemática*, é necessário observar os fatos e sua história no país, que, segundo Burke (1992, p. 29), se caracteriza como serial, "por tomar como referência o próprio conhecimento matemático e poder ser agrupada em quatro períodos: a matemática jesuíta; a matemática militar; a matemática positivista e a matemática institucionalizada". Sugerimos esse autor como referência para a argumentação em estudos da história da matemática.

A partir do século XVIII, a matemática se alastrou como essência do pensamento moderno, da ciência moderna e tecnológica. Apesar de ser a única disciplina escolar com o mesmo conteúdo para todos os alunos e de ter atingido o caráter de universalidade, ainda existem variantes de ensino no sistema escolar (D'Ambrósio, 1993). Todas as áreas estão impregnadas de Matemática – uma disciplina que causa controvérsias e discórdias –, principalmente com o crescimento da informática e de outras tecnologias. Conforme Borba (1992), o conceito de verdade associado à matemática tem influenciado a educação dos indivíduos, a ponto de sistemas políticos e, sobretudo, econômicos repousarem sobre suas teorias.

Com seu avanço, professores da disciplina vêm se reunindo desde o século XIX para rever o processo de ensino e aprendizagem. Na década de 1950, a Organização das Nações Unidas para a Educação, a Ciência e a Cultura (Unesco) começou a organizar congressos sobre educação matemática, os quais encontraram repercussão nos meios acadêmicos. Alguns países europeus, como França, Espanha e Alemanha, adotam a nomenclatura *didática da matemática*, ou seja, campo acadêmico de pesquisa educacional que investiga o ensino e a aprendizagem da matemática.

No Brasil, a história da educação matemática faz parte da história da educação. Segundo Silva (1992), a dependência tecnológica no ambiente científico gerou (e ainda gera) um estrelasse não favorável ao desenvolvimento das ciências no país. Nesse contexto, as pesquisas brasileiras são tímidas, visto que são poucas as instituições que executam investigações teóricas ou práticas em ciência e tecnologia, gerando desvantagem e defasagem em ambas.

A industrialização brasileira influenciou a produção matemática, pois a exigência de mão de obra especializada foi vinculada à educação, atingindo diretamente o ensino da matemática. Na segunda metade do século XX, o Brasil vivia um período democrático de expansão econômica, mas a matemática estava ainda em fase de estruturação. Cursos que trabalhavam a matemática foram ampliados e, embora já existissem cursos superiores específicos, foi nesse período que a disciplina foi institucionalizada. Esse foi um fato importante, uma vez que se estabeleceu o que deveria ser trabalhado em cada curso.

O desenvolvimento tecnológico no país também teve apoio e incentivo da Academia Brasileira de Ciências (ABC), que difundia a importância da ciência, com o objetivo de estimular a continuidade dos trabalhos científicos.

Na década de 1950, vários acontecimentos, como a Guerra Fria, e a necessidade de avanços tecnológicos impulsionaram a chamada *matemática moderna*, que teve origem no Seminário de Royaumont, na França. No Brasil, ocorreu o primeiro Congresso de Professores de Matemática, com o intuito de se discutirem conteúdos e metodologias de ensino. Em 1952, foi criado o Instituto de Matemática Pura e Aplicada (Impa) – a primeira unidade de pesquisa em matemática. Em 1965, surgiu o Grupo de Estudos do Ensino de Matemática (Geeme), com o propósito de preparar professores para a matemática moderna.

As décadas de 1960 e 1970 foram marcadas por produções de livros didáticos e pelo surgimento de vários outros grupos de estudo de matemática, em especial o Grupo de Estudos e Pesquisas em Educação Matemática (Gepem), fundado em 1976, o qual organizou o I Seminário sobre o Ensino de Matemática, com vistas a analisar a situação do ensino da disciplina no Brasil.

Desde os anos 1960, segundo Gomes (2012), houve uma urgência maior e menos rigorosa na convocação de professores, em virtude do aumento da necessidade desses profissionais. Nesse período, constatou-se também o crescimento do número de livros didáticos para o ensino de todas as disciplinas escolares; muitas coleções foram publicadas a partir de 1963, difundindo as ideias do movimento da matemática moderna, com papel bastante relevante na divulgação do ideário modernista.

Nesse panorama, o Gepem realizou, para seus professores-membros, o primeiro curso de pós-graduação *lato sensu* em educação matemática. Em 1989, em convênio com a Universidade Santa Úrsula, o Gepem iniciou o curso de mestrado em educação matemática no Rio de Janeiro.

Nos anos 1980, a educação matemática se expandiu no Brasil, com o aparecimento de cursos, programas e pesquisas voltados à investigação do ensino. Na época, surgiram no país vários grupos constituídos por professores, estudantes e pesquisadores, que, de maneira independente, abordavam questões referentes à educação matemática, promovendo debates e discussões com vistas a um futuro promissor.

O movimento dos grupos teve sua coroação com a criação da Sociedade Brasileira de Educação Matemática (SBEM), em 1988, durante o II Encontro Nacional de Educação Matemática (II Enem), no município de Maringá, no Paraná. O projeto de instituição da SBEM vinha amadurecendo desde 1985, quando aconteceu a VI Conferência Interamericana de Educação Matemática, no México.

Nos dias atuais, o Enem é claramente percebido como uma evolução do movimento em educação matemática. Nesses encontros, os esforços de divulgação e, principalmente, de disseminação e socialização de conhecimentos fazem a diferença nos avanços do ensino da matemática, com trocas de experiências de ensino em todos os níveis e um número de participantes que cresce a cada ano.

Existem, atualmente, vários eventos, fóruns, congressos, seminários, encontros e reuniões sobre educação matemática: Encontro de Ensino e Pesquisa em Educação Matemática (Eepem); Fórum de Discussão: Parâmetros Balizadores da Pesquisa em Educação Matemática no Brasil; Congresso Ibero-Americano de Educação Matemática; Congresso Internacional de Ensino da Matemática; Seminário Internacional de Pesquisa em Educação Matemática (Sipem); entre outros. O Enem, no entanto, foi um dos primeiros no âmbito nacional, e hoje todos congregam o universo dos segmentos interdisciplinares envolvidos com a educação matemática: docentes da educação básica, professores e estudantes das licenciaturas em Matemática e em Pedagogia, alunos de pós-graduação e pesquisadores.

> Sugerimos consulta ao *site* da SBEM, que lista eventos regionais, nacionais e internacionais. Disponível em: <http://www.sbembrasil.org.br/sbembrasil/>. Acesso em: 14 mar. 2018.

No desenvolvimento da pesquisa em educação matemática no Brasil, podemos identificar quatro fases (Fiorentini; Lorenzato, 2009):

1. gestação da educação matemática como campo profissional (período anterior à década de 1970);
2. nascimento da educação matemática (década de 1970 e início da de 1980);
3. emergência de uma comunidade de educadores matemáticos (década de 1980);
4. aparecimento de uma comunidade científica em educação matemática (década de 1990).

No Quadro 4.1, apresentamos um panorama da evolução da educação matemática.

Quadro 4.1 – Série histórica dos fatos relacionados à evolução da educação matemática

Ano	Fato	Ensino e aprendizagem
1549	Primeiro grupo de jesuítas – primeira escola elementar	Escrita dos números no sistema de numeração decimal e estudo das quatro operações; aprendizagem restrita.
1772	Marquês de Pombal – aulas régias	As aulas de aritmética, álgebra e geometria eram poucas e tinham baixa frequência de alunos.
1798	Seminário de Olinda – escolas secundárias do Brasil	Ensino com foco nos temas matemáticos e científicos.
1827	Primeira lei sobre a instrução pública nacional do Império do Brasil	Leitura e escrita das quatro operações, domínio das frações decimais e das proporções e noções gerais de geometria.
1ª fase: Gestação da educação matemática		
1890	Reforma Benjamin Constant	Adoção de um currículo que privilegiava as disciplinas científicas e as matemáticas.
1908	IV Congresso Internacional de Matemática, em Roma Primeiro movimento internacional para a modernização do ensino	Criação de uma comissão para tratar de questões do ensino da matemática em vários países, da qual o Brasil fazia parte. Propostas: unificar os conteúdos matemáticos abordados na escola em uma única disciplina, enfatizar as aplicações práticas e introduzir o cálculo diferencial e integral no nível secundário.
1920	Escolanovista	Primeiros educadores matemáticos (matemáticos e professores de Matemática para os ensinos primário e secundário).
1931	Reforma de Francisco Campos	Proposta curricular da nova disciplina de Matemática na escola secundária. Enfatizava a necessidade de considerar sempre o grau de desenvolvimento mental do aluno e seus interesses e insistia que sua atividade deveria ser constante, de modo que o estudante fosse "um descobridor, e não um receptor passivo de conhecimentos" (Rocha, 2001, p. 210).

(continua)

(Quadro 4.1 – continuação)

ANO	FATO	ENSINO E APRENDIZAGEM
1934	Universidade de São Paulo (USP)	Primeiro curso de Matemática.
1950	Democratização escolar, avanços tecnológicos, primeiro congresso nacional de ensino e movimentos internacionais	Envolvimento de muitos matemáticos no movimento da matemática moderna.
1957	Corrida espacial	Reforma dos currículos escolares de Ciências e de Matemática.
1959	Organização Europeia de Cooperação Econômica (OECE) Seminário de Royaumont, na França III Congresso Brasileiro de Ensino de Matemática, no Rio de Janeiro	Bases do movimento modernista: currículos, precisão da linguagem matemática, estruturas matemáticas, sequenciação dos conteúdos e destaque às propriedades das operações em vez de ênfase nas habilidades computacionais.
Década de 1960	Grupo de Estudos do Ensino da Matemática (Geem) – São Paulo	Surgimento de vários outros grupos de estudo: Grupo de Estudos de Ensino da Matemática de Porto Alegre (Geempa); Grupo de Estudos e Pesquisas em Educação Matemática (Gepem) – Rio de Janeiro; Núcleo de Estudo e Difusão do Ensino da Matemática (Nedem) – Curitiba etc.
2ª FASE: NASCIMENTO DA EDUCAÇÃO MATEMÁTICA		
1971	Lei de Diretrizes e Bases para o Ensino de 1º e 2º graus – Lei n. 5.692, de 11 de agosto de 1971 (Brasil, 1971)	Definição da duração de oito anos para o 1º grau; proposição do 2º grau como curso de preparação profissional, buscando desviar parte da demanda pelo ensino superior, que não oferecia vagas suficientes para todos os concluintes da escola secundária.
1980	Primeiros doutores em Educação Matemática, ou Didática da Matemática	Professores e autores trouxeram estudos e novas formas de investigação para o desenvolvimento da educação matemática, entre eles Sergio Lorenzato, Scipione de Pierro Neto, Luiz Roberto Dante e Esther Pilar Grossi.

(Quadro 4.1 – conclusão)

ANO	FATO	ENSINO E APRENDIZAGEM
3ª FASE: EMERGÊNCIA DE UMA COMUNIDADE DE EDUCAÇÃO MATEMÁTICA		
1987	• Cursos de pós-graduação em Educação Matemática • I Encontro Nacional de Educação Matemática	Níveis de especialização, mestrado e doutorado.
1988	Sociedade Brasileira de Educação Matemática (SBEM)	Congregação de profissionais da área de educação matemática ou de áreas afins.
4ª FASE: EMERGÊNCIA DE UMA COMUNIDADE CIENTÍFICA EM EDUCAÇÃO MATEMÁTICA		
1990	Projetos Spec/Padct/MEC: Subprojetos de Ensino de Ciências do Programa de Apoio ao Desenvolvimento Científico e Tecnológico do Ministério da Educação	Formação da comunidade científica de educadores matemáticos, auxiliando projetos e financiando diversos grupos de estudo.
1997	Grupo de Trabalho de Educação Matemática e Associação Nacional de Pós-Graduação e Pesquisa em Educação (Anped)	Considerável número de doutores brasileiros em Educação Matemática, reconhecimento da pesquisa e constituição de grupos de estudo.
2000	I Seminário Internacional de Pesquisas em Educação Matemática (Sipem)	Movimento de educação matemática em todos os níveis de ensino e promoção de encontros internacionais de educação matemática no Brasil.
2014	Prêmio Medalha Fields	O brasileiro Artur Ávila Cordeiro de Melo foi o primeiro pesquisador da América Latina a receber a medalha dada pela União Internacional de Matemáticos (IMU) a quatro pesquisadores do mundo.
2016	Prêmio Científico Louis D.	Concedido desde 2000 pelo Institut de France – congregação das cinco mais importantes academias nacionais francesas –, no ano de 2016, o prêmio foi conquistado pelo matemático brasileiro Marcelo Viana.

Para mais detalhes sobre a história da educação matemática, sugerimos, na seção "Bibliografia comentada", a obra *Introdução à história da educação matemática*, de Maria Ângela Miorim (1998). A autora aponta que a história, tanto nas pesquisas quanto nas propostas curriculares, é uma ferramenta importante nas questões que envolvem o ensino e a aprendizagem da matemática. Quando temos conhecimento da história, ou seja, das variáveis de estudo da investigação, impulsionamos a compreensão de questões para as quais, às vezes, não encontramos respostas, bem como das análises e do que tem sido feito para não se reproduzirem práticas inadequadas com relação à matemática.

No tocante à pesquisa, também houve evolução, especialmente no que se refere à metodologia de investigação, pois os estudos passaram a apresentar cuidado teórico-metodológico; os temas, aspectos mais pontuais da prática de ensino da matemática; e a pesquisa, múltiplas alternativas metodológicas (Fiorentini; Lorenzato, 2009).

As mudanças demandam tempo e, mesmo que as ideias inovadoras continuem a surgir e sejam colocadas em prática, ainda é preciso decidir, opinar, pensar, analisar e ser crítico e também autônomo para testar novas metodologias ou não. É necessário acompanhar a evolução e estar aberto ao acesso à informação e à pesquisa para trabalhar como professor, pesquisador e aluno em prol da educação matemática.

O movimento da educação matemática é recente e caracteriza-se pela heterogeneidade de formação e práticas pedagógicas, pois ainda está atrelado à concepção de *educação*. O avanço tecnológico e a educação matemática, infelizmente, não são práticas comuns em todo o país, visto que, em cada região, a diversidade é imensa e há brasileiros sem informações tecnológicas e sem notícias dos acontecimentos relativos à educação matemática.

Assim, convém ressaltarmos o Biênio da Matemática (2017 e 2018) no Brasil, com a realização de vários eventos nacionais e internacionais – os mais importantes do mundo da matemática –, proporcionando oportunidades de se repensarem as perspectivas em educação matemática. Alguns desses eventos são o Festival da Matemática, a Olimpíada

Internacional da Matemática (IMO) 2017 e o renomado Congresso Internacional de Matemáticos (ICM) 2018. Trata-se de uma grande contribuição para a educação e o desenvolvimento do ensino, da pesquisa e da inovação, propiciando ações em matemática, ciência e tecnologia, com foco na comunicação e favorecendo o crescimento do país e o desenvolvimento humano, além de trazer múltiplas experiências que estimulam o ensino e a aprendizagem da matemática.

Professores, alunos e escolas que se destacam e recebem prêmios inovadores expandem o conhecimento ao desenvolver pesquisas e tecnologias. É o caso dos matemáticos Artur Ávila e Marcelo Viana, premiados internacionalmente. Na área de matemática, as competições e, consequentemente, os prêmios servem para recompensar e evidenciar os participantes. Esses torneios têm destaque na evolução histórica da educação matemática, como a Olimpíada Brasileira de Matemática das Escolas Públicas (Obmep), que teve início em 2005 como uma iniciativa do Ministério da Ciência, Tecnologia, Inovações e Comunicações, com realização do Impa e apoio da Sociedade Brasileira de Matemática (SBM). Seus resultados promovem o reconhecimento da escola pública, o aperfeiçoamento do ensino da matemática e a descoberta de talentos em todas as áreas do conhecimento (Brasil, 2018b).

4.1.1 Considerações gerais sobre a história da pesquisa em educação matemática

O impulso para a pesquisa em educação matemática, segundo Kilpatrick (1992), se deu no começo do século XIX, com a reforma da educação superior pelos protestantes da Prússia. Eles afirmavam que, além de ensinarem, as faculdades e as universidades deveriam realizar pesquisas. Esse conceito se expandiu a todas as regiões, objetivando-se a formação de professores mais preparados, o que incentivou o aumento dos estudos em educação matemática.

Segundo D'Ambrósio (2003), o marco da consolidação da educação matemática se deu em Roma, em 1908, com a fundação da Comissão Internacional de Instrução Matemática (Imuk/ICMI/Ciem), liderada por Felix Klein (1849-1925), autor do livro *Matemática elementar de um ponto de vista avançado*, em que abordou várias questões relacionadas à didática. Em 1920, na busca de um espaço adequado para a reflexão sobre a educação matemática, surgiram o National Council of Teachers of Mathematics (NCTM) e a American Educacional Research Association (Aera); neste local, os pesquisadores tinham um ambiente adequado para a pesquisa avançada.

Como já mencionamos, no período pós-guerra, presenciou-se a efervescência da educação matemática em todo o mundo. As propostas de mudanças curriculares nos Estados Unidos e na Europa criaram uma enorme discussão em toda a área. Por sua vez, o movimento da matemática moderna, iniciado em uma conferência sobre educação matemática em Royaumont, no ano de 1959, culminou em inúmeros projetos para modernizar a matemática na escola. Assim, foram criadas publicações específicas de pesquisa, como o *Journal for Research in Mathematics Education* (JRME), em 1960, e, como consequência, as reuniões do NCTM passaram a ter um maior número de participantes. Entre os anos 1950 e 1960, os trabalhos de pesquisa começaram a ter produções específicas, superando os estudos convencionas nos campos da psicologia e da matemática.

Como nosso foco é a pesquisa em educação matemática, a contemporaneidade é um fator relevante e, ao mesmo tempo, um desafio, pois as discussões e as perspectivas das novas temáticas e tendências que perpassam a educação matemática, seja como campo profissional, seja como campo de pesquisa, são práticas que requerem estudo intensivo, em virtude da caracterização da heterogeneidade de formação. Além disso, existem concepções políticas e práticas pedagógicas distintas. O ponto favorável é que, apesar da variedade de pontos de vista sobre o objeto de estudo da educação matemática, há convergência na finalidade de aperfeiçoar os diferentes aspectos do processo de ensino e aprendizagem. A seguir, trataremos do campo de pesquisa em educação matemática e da pluralidade das tendências de investigação.

4.2 Educação matemática e perspectivas de pesquisa

Gurgel (2007), com base em Gorgorió et al. (2000) e D'Ambrósio (2001), afirma que o processo de ensino e aprendizagem e a mediação do professor e pesquisador chamam a atenção porque os conceitos matemáticos auxiliam os alunos a compreender a presença da matemática em contextos distintos. A explicação sobre as demandas do mundo à sua volta não é suficiente para os estudantes. Por isso, é preciso estimular a curiosidade, o ânimo para investigar e a capacidade de resolver situações-problema para além do saber local.

O pesquisador analisa o processo de ensino e aprendizagem com o intuito de

> observar seus movimentos, diversidades e contradições; conhecer as necessidades e carências dos alunos; [...] as atitudes e as ações pedagógicas dos professores; desvendar relações entre professor, aluno e o saber matemático; investigar como ocorre o processo de construção/formação dos conceitos matemáticos; investigar as concepções, as crenças e as ideias dos professores em relação à matemática e ao seu ensino e aprendizagem; analisar os significados, o discurso e a linguagem presentes em sala de aula etc. (Fiorentini; Sader, 1999, p. 1)

O professor, como sujeito histórico, deve deter o saber complexo específico e consolidado em bases científicas, epistemológicas, históricas e socioculturais amplas e interdisciplinares, para exercer um maior poder de crítica diante da abordagem do processo de ensino e aprendizagem e de seu papel como mediador social no contexto escolar (Gurgel, 2003).

A pesquisa em educação matemática apresenta um desenvolvimento recente e, segundo Kilpatrick (1996, p. 16), "nunca foi tão forte como um campo profissional e acadêmico". Godino (2006) confirma essa consolidação em nível institucional na atualidade, bem como a existência de uma grande diversidade de linhas e questões de investigação. Fonseca, Gomes e Machado (2002, p. 131) afirmam que a "Educação Matemática tem-se constituído, cada vez mais, como um campo científico, sendo que o conjunto de profissionais identificados com suas questões não apenas tem crescido muito nos últimos anos, como também tem-se diversificado". Logo, com a variedade da pesquisa, a contribuição para a vitalidade da educação matemática ainda demarca seus limites e possibilita ações e práticas de atuação.

Em 1990, ocorreu um grande movimento nacional de formação de grupos de pesquisa e de consolidação de linhas de investigação. Com o surgimento de cursos de mestrado e doutorado, a educação matemática foi coroada, o que resultou no aumento da produção acadêmica brasileira e internacional.

Muitos investigadores ressaltam que, tanto na área de educação matemática quanto em outros campos disciplinares, as produções são apenas conhecimentos técnicos – uma associação de experiência, tradição e inspiração – ou tecnológicos, com técnicas aplicadas ou fundamentadas em experimentos científicos. Assim, para os estudiosos da área, o saber científico estaria reduzido ao domínio da didática geral ou da psicologia da educação (Godino, 2003). Para esse autor, em razão da complexidade e da diversidade dos problemas, existe uma tendência à formação de dois grupos de opiniões:

1. Aqueles que afirmam que a educação matemática não pode se tornar um campo com fundamentação científica e, por isso, o ensino da disciplina em questão é essencialmente uma arte.
2. Aqueles que acreditam na possibilidade da existência do ensino como ciência.

De acordo com Fiorentini e Lorenzato (2009), os objetivos básicos das pesquisas em educação matemática dividem-se em dois grupos:

1. De natureza pragmática, que visa à melhora da qualidade do ensino e da aprendizagem matemática.
2. De natureza científica, que busca o desenvolvimento da educação matemática na investigação e na produção de conhecimentos.

Segundo Costa (2007, p. 5), "a Educação Matemática é uma confluência de múltiplos saberes. Campos científicos como Sociologia, Filosofia,

Linguística, Epistemologia, Antropologia, Psicologia, Matemática e Pedagogia estão intimamente relacionados" com ela.

Desse modo, a característica dos argumentos e dos problemas da educação matemática revela e fundamenta a interdisciplinaridade. Por um lado, há a possibilidade de aproveitar um sem-número de metodologias e perspectivas sobre um mesmo fenômeno e, por outro, a diferença leva a uma identidade indefinida, a uma liberdade questionável e a um ambiente que precisa ser delimitado. A pesquisa se justifica uma vez que existem distintos pontos de vista sobre a diversa e complexa prática social, fundamentando-se, assim, diversas investigações para abranger toda a diversidade de conteúdos.

Entre outros aspectos, mais recentemente, é possível observar uma alteração da perspectiva de investigação, que, de "como ensinar?", passa para "por que, para que e para quem ensinar?". Fiorentini e Lorenzato (2009, p. 34) esclarecem que se "a pesquisa, nos anos de 1980, contribuiu, de um lado, para elucidar alguns determinantes socioculturais e políticos, de outro, priorizou os aspectos pedagógicos mais amplos do fenômeno educacional em detrimento daqueles mais específicos relacionados aos conteúdos matemáticos".

Existem duas áreas primárias de investigação relacionadas aos objetivos de estudo da educação matemática: o ensino e a aprendizagem. Esta está voltada, principalmente, à importância dos processos e produtos da aprendizagem, ao passo que aquele está ligado à construção e à transferência de conhecimentos, habilidades e competências da matemática.

Em uma perspectiva diferente, é possível considerar a relação da matemática com outras disciplinas. Conforme Higginson (1980, citado por Godino, 2003), a educação matemática pode ser representada por meio de um tetraedro, cujas faces seriam a matemática, a psicologia, a filosofia e a sociologia. A base desse sólido é a interação entre elementos distintos, uma vez que essas áreas contribuiriam para a explicação de algumas perguntas fundamentais: O que ensinar? (matemática); Por que ensinar? (filosofia); A quem e onde ensinar? (sociologia); Quando e como ensinar? (psicologia).

Figura 4.1 – Modelo tetraédrico de Higginson – relação da educação matemática com outras disciplinas

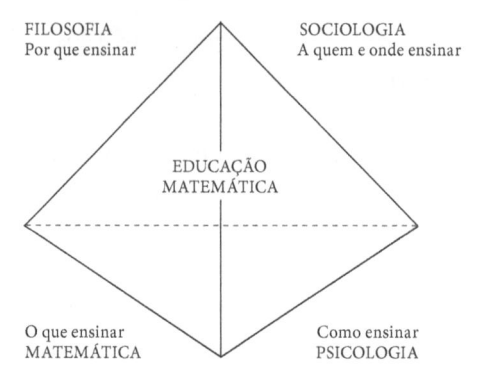

```
         FILOSOFIA              SOCIOLOGIA
        Por que ensinar        A quem e onde ensinar

                    EDUCAÇÃO
                    MATEMÁTICA

         O que ensinar            Como ensinar
         MATEMÁTICA               PSICOLOGIA
```

Fonte: Adaptado de Higginson, 1980, citado por Godino, 2003, p. 3, tradução nossa.

Steiner (1990, citado por Godino, 2003) define a educação matemática como parte de um sistema social mais complexo, denominado *educação matemática e ensino*. Nesse sistema, podem-se identificar subsistemas componentes, como as aulas de Matemática, a formação de professores, o desenvolvimento de currículo e a educação matemática. Esse autor representa o referido sistema em um diagrama, relacionando-o com outro sistema social, tratado por *sistema do ensino de matemática*. O diagrama apresenta, em um primeiro nível, as ciências relacionadas à educação matemática e, externamente a ele, todo o sistema social relacionado à comunicação da matemática, suas novas áreas de interesse e as inter-relações entre educação matemática e educação em ciências experimentais (Steiner, 1990, citado por Godino, 2003). Nesse modelo de diagrama, representado na Figura 4.2, a teoria da educação matemática encontra-se dentro do sistema mais amplo.

Figura 4.2 – Relação da educação matemática com outras disciplinas e sistemas

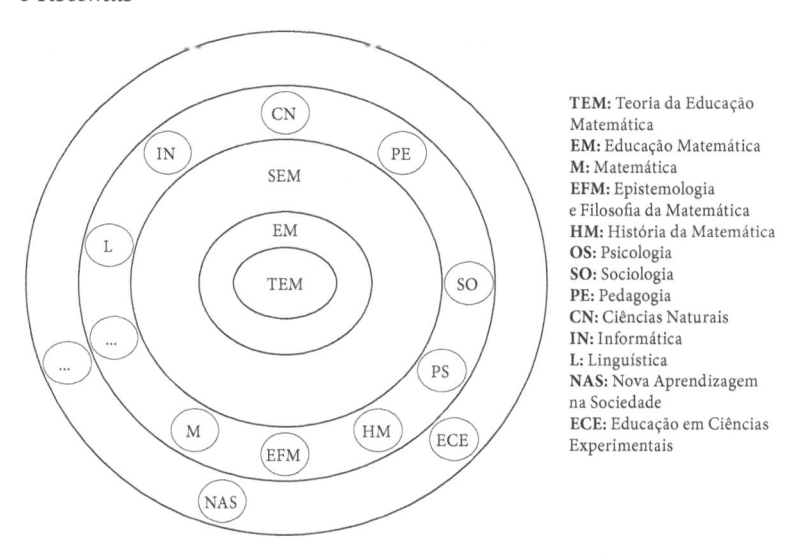

TEM: Teoria da Educação Matemática
EM: Educação Matemática
M: Matemática
EFM: Epistemologia e Filosofia da Matemática
HM: História da Matemática
OS: Psicologia
SO: Sociologia
PE: Pedagogia
CN: Ciências Naturais
IN: Informática
L: Linguística
NAS: Nova Aprendizagem na Sociedade
ECE: Educação em Ciências Experimentais

Fonte: Adaptado de Steiner, 1990, citado por Godino, 2003, p. 3, tradução nossa.

Conforme as considerações históricas, a pesquisa em educação matemática é profícua desde o início, pelas múltiplas relações que estabelece com os diversos campos e, principalmente, pelas relações disciplinares.

Além dos dois modelos apresentados, existem outros exemplos, como o de González (2000), que defende a autonomia de disciplinas específicas, no caso, a Matemática. O diagrama representado na Figura 4.3 situa a Matemática, a Psicologia e a Pedagogia como disciplinas de maior influência em educação matemática, definida como *didática da matemática*, e a Antropologia, a Sociologia e a Epistemologia como influências secundárias.

Figura 4.3 – Diagrama de relações da educação matemática/didática da matemática

```
              Sociologia
    Matemática        Psicologia
          Didática da matemática
    Epistemologia     Antropologia
              Pedagogia
```

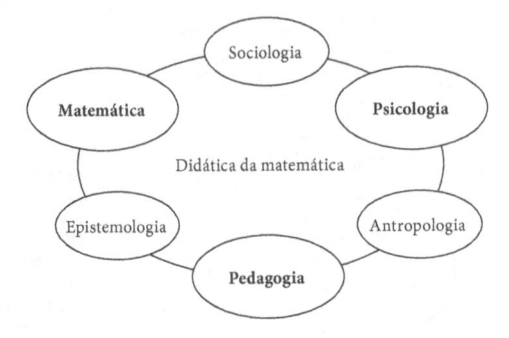

Fonte: Adaptado de González, 1992, citado por Costa, 2007, p. 8.

Godino e Batanero (1998) elaboraram um modelo geométrico no qual é possível visualizar a educação matemática como a interação entre oito faces de um tronco de octaedro, incluindo a didática da matemática e a confluência de múltiplos saberes.

Figura 4.4 – Educação matemática: confluência de múltiplos saberes

```
                    DIDÁTICA DA
          Outras    MATEMÁTICA
    Semiótica                Sociologia
              EDUCAÇÃO
              MATEMÁTICA
                              Ciências da
                              Educação
    Epistemologia
              Psicologia   Matemática
```

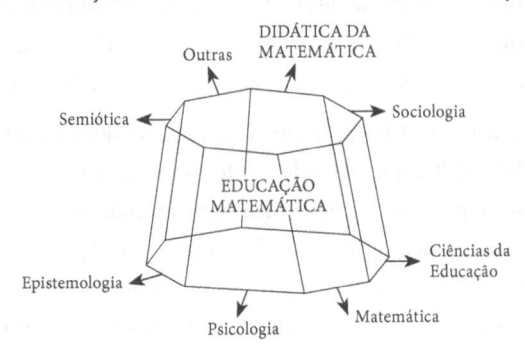

Fonte: Adaptado de Godino; Batanero, 1998, citado por Costa, 2007, p. 9.

Apresentamos até aqui diferentes interpretações de autores que, por meio de desenhos, tentaram elucidar a complexidade da educação matemática, mostrando a interação de vários campos científicos, todos voltados a perspectivas de pesquisa. Vale observarmos que, em todos os modelos, a educação matemática tem seus próprios problemas e questões de estudo, não podendo dissociar-se como aplicação particular desses campos. Outro ponto fundamental para desenvolver uma pesquisa é não se apropriar de conceitos ou teorias desenvolvidos de cada disciplina que se inter-relacionam com ela apenas, mas usá-los de maneira a integrar e favorecer a investigação.

Bicudo (1999, p. 26-27) aponta o exemplo da filosofia complementando a interação:

> A Filosofia da Educação Matemática não se confunde com a Filosofia da Matemática nem com a da Educação. Da primeira, ela se distingue por não ter por meta o tema da realidade dos objetos matemáticos, o da sua construção e o da construção do seu conhecimento. Da segunda, por não trabalhar com assuntos específicos e próprios à mesma, como, por exemplo, fins e objetivos da Educação, natureza do ensino, natureza da aprendizagem, natureza da escola e dos currículos escolares. Porém, embora distinguindo-se de ambas, a filosofia da Educação Matemática se nutre dos seus estudos, aprofunda temas específicos que podem ser detectados na interface que com elas mantém, alimentando-as com suas próprias pesquisas e reflexões, ao mesmo tempo que delas se alimenta.

As perspectivas refletem diretamente nas pesquisas da área. Logo, na educação matemática, as possibilidades de investigação se ampliam em razão da variedade de temáticas, entre elas: processo de ensino e aprendizagem de matemática, currículos, tecnologia no ensino de matemática, prática docente, formação e desenvolvimento profissional de professores, semiótica, avaliação, antropologia e contexto sociocultural e político do processo de ensino e aprendizagem de matemática. Ressaltamos que, para complementar tais possibilidades, podem-se conjugar vários verbos, como *ensinar, desenvolver, aprender, aplicar, praticar, refletir, executar* e *atuar*.

Considerando-se a gama de possibilidades, ainda há muito a se investigar, uma vez que existem muitas informações transversais de saberes. Não basta pesquisar como acadêmico, como um campo de estudo científico; é necessário pesquisar também como profissional, obtendo o desenvolvimento social de todos os envolvidos para o aprimoramento educacional.

4.3 Educação matemática como campo profissional e científico

Segundo Kilpatrick (1992), o campo da educação matemática contém aspectos profissionais e científicos. Do lado científico/acadêmico, a questão da pesquisa está em processo, visto a atualidade do assunto, que é debatido constantemente. Do lado profissional, a preocupação deve ser a aplicação do conhecimento especializado para auxiliar estudantes e professores. A formação docente continua sendo a função maior da pesquisa em educação matemática, paralelamente à busca do conhecimento sólido a ser aplicado. Kilpatrick (1996, p. 99) afirma que "os educadores matemáticos universitários precisam trabalhar junto com matemáticos e professores em sala de aula no desenvolvimento da teoria e da prática".

Com base nos estudos de Kilpatrick (1992), destacamos três fatores determinantes para o surgimento da educação matemática nos campos profissional e científico:

1. Preocupação dos matemáticos e dos professores da área com a qualidade da divulgação e da socialização das ideias matemáticas às novas gerações.

2. Melhoria das aulas – uma iniciativa das universidades europeias, no final do século XIX, de promover a formação de professores secundários contribuiu para o aparecimento de especialistas universitários em ensino de matemática.

3. Estudos experimentais realizados por psicólogos americanos e europeus no início do século XX sobre o modo como as crianças aprendiam matemática.

Por meio de atitudes como *conhecer para refletir* e *saber para atuar*, a investigação pode contribuir para a integração da prática profissional na formação de professores, em um processo que envolve também a escola.

Conforme Kilpatrick (1992, p. 16, tradução nossa), "o mundo do ensino e da aprendizagem da matemática era visto como um sistema de variáveis interagindo. O objetivo da pesquisa era descrever aquelas variáveis, descobrir suas intercorrelações e tentar manipular certas variáveis para alcançar mudanças em outras".

Atualmente, há outros pontos de vista, como a etnografia e a fenomenologia. Para o campo pesquisa, não é razoável seguir somente um ou outro paradigma. A pesquisa é feita para manter o campo ativo, em crescimento e diverso, e a educação matemática necessita dessas perspectivas múltiplas para que novas pesquisas tenham abordagens consistentes e analíticas não apenas para a formação dos professores, mas também para o ensino e a aprendizagem.

Kilpatrick (1996, p. 119) elucida perfeitamente a educação matemática: "É uma matéria universitária e uma profissão. É um campo de academicismo, pesquisa e prática. Mais do que meramente artesanato ou tecnologia, ela tem aspectos de arte e ciência". Por isso, Miguel (2005) a considera uma preciosa ferramenta para a formação de professores, motivo por que os cursos de Filosofia e Sociologia, por exemplo, poderiam contribuir para a constituição de problematizações multidimensionais das práticas escolares nas quais a matemática estivesse envolvida, como foi possível observar nos modelos propostos por González (2000), Godino (2003), Steiner (1990) e Higginson (1980).

Segundo Miguel et al. (2004, p. 91), "a pesquisa sobre formação continuada de professores é um exemplo dessa necessidade de parcerias" para se repensar essa formação que, via de regra, ocorre entre as áreas. Os profissionais da educação, embora não foquem especificamente a matemática, têm desenvolvido incontáveis estudos e alternativas de intervenção nesse cenário.

A questão é que a educação matemática "não é um conjunto de objetos que suportam tratamentos distintos, mas um conjunto de práticas sociais determinadas exatamente por esses tratamentos" (Miguel et al., 2004, p. 92). Inferimos, dessa forma, que a matemática é um conjunto de ações.

Bicudo (1993) afirma que o pesquisador, tanto o profissional quanto o acadêmico, deve atentar-se a alguns pontos ao falar de pesquisa em educação matemática, como:

- Não fazer alegações inocentes, incoerentes ou vazias ao utilizar estudos realizados pela psicologia, pela história, pela filosofia, pela matemática, pela antropologia etc.

- Ao usar obras de autores que considere significativos para ilustrar suas interrogações, que o faça de forma a elucidar o pensamento deles. Porém, não basta sintetizar a posição dos autores utilizados na pesquisa; é preciso também evidenciar suas próprias articulações, que são a base do texto que está sendo produzido, evitando incorrer em afirmações improcedentes e em discurso confuso.
- Especificar as interrogações por meio de perguntas ou de problemas, apontando o caminho pelo qual a pesquisa será conduzida.
- Entender com clareza as diferenças entre pesquisa, relato de experiência, proposta pedagógica e ação pedagógica.

Para Ponte (1995, p. 2), "a noção de desenvolvimento profissional é uma noção próxima da noção de formação. Mas não é uma noção equivalente". No Quadro 4.2, apresentamos, de modo resumido, algumas diferenças discutidas em Ponte (1995) e destacadas por Ortega e Santos (2008, p. 16).

Quadro 4.2 – *Diferenças entre formação e desenvolvimento profissional do professor*

FORMAÇÃO	DESENVOLVIMENTO PROFISSIONAL
Associada à ideia de frequentar cursos.	Processa-se através de múltiplas formas e processos que incluem a frequência a cursos, mas não se limita a isto.
Movimento de fora para dentro.	Movimento de dentro para fora.
Atende-se principalmente àquilo em que o professor é carente.	Procura-se partir dos aspectos que o professor tem e que podem ser desenvolvidos.
Tende a ser vista de modo compartimentado, por assuntos, por disciplinas. Parte invariavelmente da teoria e, na maioria das vezes, não se sai dela.	Tende a implicar a pessoa do professor como um todo. Pode partir tanto da teoria como da prática, são interligadas.

Fonte: Adaptado de Ortega; Santos, 2008, p. 16.

O desenvolvimento profissional, segundo Ponte (1995), propõe olhar os professores sob uma nova perspectiva. Trata-se de considerá-los profissionais autônomos, uma vez que, atualmente, o foco do desenvolvimento profissional baseia-se nos níveis individuais e nas diferentes maneiras como os sujeitos empregam suas práticas e experiências de ensino. É indispensável que o professor e, também, o acadêmico de Matemática conheçam, discutam e tenham como referência de pesquisa os Parâmetros Curriculares Nacionais (PCN), que direcionam a educação brasileira e o processo de ensino e aprendizagem nos ensinos fundamental e médio (Brasil, 1997; Brasil, 1999). Com o objetivo de auxiliar o trabalho do professor, os PCN consolidam-se como instrumento útil de apoio pedagógico e de planejamento das aulas.

Conforme Fiorentini e Lorenzato (2009, p. 1, grifo do original), "o estudo da Educação Matemática consiste nas múltiplas relações e determinações entre **ensino, aprendizagem** e **conhecimento matemático**", ou seja, não se trata apenas de um campo profissional, mas de uma área de conhecimento. Como campo profissional, está ligado à compreensão do conteúdo matemático e das ideias e métodos que abrangem a transmissão/assimilação, bem como à apropriação/construção do conhecimento matemático escolar. Por sua vez, como área de conhecimento, apresenta caráter científico e é de natureza interdisciplinar. Seu objeto de estudo são as várias associações estabelecidas, em um contexto sociocultural delimitado pelo conhecimento matemático, entre os indivíduos integrantes da pesquisa, geralmente, professores e alunos.

Godino (2006, p. 2, tradução nossa) cita três domínios para a melhoria dos processos de ensino e aprendizagem:

a) a ação prática e reflexiva sobre os processos de ensino e aprendizagem das matemáticas;

b) a tecnologia didática, que propõe desenvolver materiais e recursos, usando os conhecimentos científicos disponíveis;

c) a investigação científica, que se ocupa de compreender o funcionamento do ensino das matemáticas em seu conjunto, assim como o de seus sistemas didáticos específicos (formados pelo professor, pelos estudantes e pelo conhecimento matemático).

A educação matemática, como campo profissional e científico, tem correlação direta com o matemático e o educador matemático.

Figura 4.5 – Educação matemática e correlação entre os campos profissional e científico

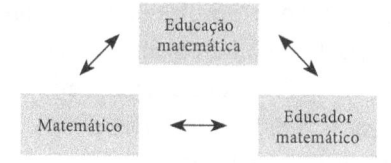

```
                    Educação
                    matemática
               ↙                ↘
    Matemático    ⟷    Educador
                              matemático
```

Os campos *profissionais/educadores matemáticos* e *científicos/matemáticos* precisam manter laços fortes para que possam crescer juntos, visto que a disciplina é rica em variedade. O que não pode ocorrer é seu distanciamento, para que não exista uma preocupação estéril com o método em detrimento do conteúdo. O ideal seria os matemáticos tomarem posição e conhecimento de como a matemática é ensinada nas escolas e de como os professores são formados.

Há matemáticos que, ao lado de educadores, dedicam seu tempo ao desenvolvimento do ensino e da aprendizagem da matemática, porém ainda estamos longe do ideal. A universidade está distante da escola e é necessário construir um laço de parceria, confiança e respeito mútuos entre matemáticos, educadores matemáticos universitários e professores de Matemática.

Uma vez que educação é profissão e, ao mesmo tempo, ação, os pesquisadores têm a responsabilidade de assegurar que o trabalho seja relacionado também à prática. Segundo Kilpatrick (1996), os investigadores não necessitam realizar o trabalho a que os professores estariam aptos, a não ser que o trabalho, em sua totalidade, seja composto de pesquisas de teor prático, pois tal atitude seria irrelevante e infrutífera. Cabe ressaltarmos que a concepção de professor como pesquisador está sendo ampliada e favorecida, visto que aquele está, cada vez mais, buscando o aperfeiçoamento e a participação em grupos/equipes de estudo e pesquisa.

Embora o professor universitário tenha se desenvolvido em universidades ou faculdades de Matemática, a educação matemática, como campo, progride mais rapidamente quando é um programa ou um departamento distinto dentro da instituição.

Kilpatrick (1996, p. 118) esclarece que a "profissão de ensinar Matemática é comumente a província da faculdade de Educação, e Educação Matemática como um campo acadêmico adequa-se melhor entre as Ciências Sociais [...] do que entre as Ciências Naturais".

Os matemáticos e os educadores matemáticos recebem orientações distintas com relação à pesquisa, a qual abrange ideias e generalizações que podem ser abordadas por meio de dedução, ainda que, em situações particulares, provas dedutivas sejam utilizadas para validar demandas e garantir legitimidade. A pesquisa em educação matemática, na medida em que é uma ciência humana, não precisa comprovar equações. Se for considerada "um campo acadêmico mais do que uma disciplina", poderá transpassar uma diversidade de outras disciplinas, quase todas ligadas às ciências sociais (Kilpatrick, 1996, p. 118).

A educação matemática é capaz de influenciar professores, alunos e escolas de maneira positiva. Isso depende fortemente daqueles que fazem a política educacional, para que encontrem meios de reconhecê-la, institucionalizá-la e apoiá-la, entrelaçando o campo profissional com o científico para o desenvolvimento do ensino, da aprendizagem, do conhecimento matemático e da formação educacional.

4.4 Informações acerca da pesquisa em educação matemática no Brasil

Fiorentini e Lorenzato (2009) afirmam que, no final do século XX e início do XXI, existiam no Brasil quase 20 programas de pós-graduação *stricto sensu* que formavam pesquisadores em educação matemática. Ainda segundo esses autores, são inúmeras as pesquisas em educação matemática. No âmbito internacional, as investigações em que o país mais tem se destacado são:

- na etnomatemática, linha de pesquisa criada e desenvolvida pelo educador Ubiratan D'Ambrósio;

- nos estudos de cognição matemática em diferentes contextos socioculturais – linha de pesquisa desenvolvida pelo grupo de Recife;
- nas determinações sociopolíticas e ideológicas na prática do ensino de matemática.

Graças à tecnologia, as informações estão disponíveis na internet para o desenvolvimento da pesquisa. No Quadro 4.3, citamos diversos *sites*, principalmente bancos de teses e dissertações, para consulta e leitura, com o objetivo de expandir o universo da investigação.

Quadro 4.3 – Sites *com informações para o desenvolvimento de pesquisa em educação matemática*

SITE/LINK	SIGLA	INFORMAÇÕES
SOCIEDADES E INSTITUIÇÕES NACIONAIS E INTERNACIONAIS		
Coordenação de Aperfeiçoamento de Pessoal de Nível Superior <http://www.periodicos.capes.gov.br>	Capes	Banco de teses e dissertações
Sociedade Brasileira de Educação Matemática <http://www.sbembrasil.org.br/sbembrasil/>	SBEM[1]	Publicações, revistas, boletins, eventos, materiais e anais
Associação Nacional de Pós-Graduação e Pesquisa em Educação <http://www.anped.org.br/>	Anped	Grupos de trabalhos, reuniões científicas etc.
Conselho Nacional de Desenvolvimento Científico e Tecnológico <http://www.cnpq.br/>	CNPq	Bolsas, auxílios, programas, prêmios *curriculum* etc.
Instituto Nacional de Estudos e Pesquisas Educacionais Anísio Teixeira <http://portal.inep.gov.br/>	Inep	Dados, educação básica e superior, avaliações de larga escala etc.

(continua)

(Quadro 4.3 – continuação)

SITE/LINK	SIGLA	INFORMAÇÕES
SOCIEDADES E INSTITUIÇÕES NACIONAIS E INTERNACIONAIS		
Federación Iberoamericana de Sociedades de Educación Matemática <http://www.fisem.org/www/index.php/>	Fisem	Cursos a distância, grupos, revistas, videoconferências etc.
International Commission on Mathematical Instruction <http://www.mathunion.org/icmi/>	ICMI	Conferências, publicações, atividades e informações
National Council of Teachers of Mathematics <http://www.nctm.org>	NCTM	Publicações, conferências, revistas etc.
PROGRAMAS E INSTITUIÇÕES NACIONAIS		
Centro de Aperfeiçoamento do Ensino de Matemática <https://www.ime.usp.br/caem/>	Caem	Publicações, cursos, oficinas etc.
Educação Matemática em Foco <http://www.grupoemfoco.com.br/emfoco/>	EMFoco	Cursos, anais, boletins, materiais, projetos, jornadas etc.
Grupo de Pesquisa em Educação Matemática <http://dgp.cnpq.br/dgp/espelhogrupo/8430486026423376>	GPEM	Grupos de trabalhos e estudos
Programas de Estudos e Pesquisa no Ensino de Matemática <http://www.dgp.cnpq.br/dgp/espelhogrupo/7340270194121704>	Proem	Cursos, anais, boletins, materiais, projetos etc.
Grupo de História Oral e Educação Matemática <http://www2.fc.unesp.br/ghoem/index.php?pagina=sobre.php>	Ghoem	Grupos, eventos, materiais etc.

(Quadro 4.3 – conclusão)

Site/Link	Sigla	Informações
Centros, programas e instituições internacionais		
Programme for International Student Assessment <http://www.pisa.oecd.org/>	Pisa	Avaliação de desempenho em larga escala
Trends in International Mathematics and Science Study <http://www.nces.ed.gov/timss/>	TIMSS	Comparação e desempenho educacional dos alunos
Periódicos		
Educação Matemática Pesquisa <https://revistas.pucsp.br/index.php/emp>	EMP	Revista com publicações
Educação Matemática em Revista <http://sbem.com.br/revista/index.php/emr/index>	SBEM	Revista com publicações
Revista de Educação Matemática <http://www.fe.unicamp.br/zetetike/>	Zetetiké	Revista com publicações
Revista Eletrônica de Educação Matemática <http://www.periodicos.ufsc.br/index.php/revemat>	Revemat	Revista com publicações
Revista Boletim de Educação Matemática <http://www.periodicos.rc.biblioteca.unesp.br/index.php/bolema/>	Bolema	Revista com publicações

Nota[1]: No *site* da SBEM, há mais informações e outros *links* sobre educação matemática.

O futuro da educação matemática depende de uma boa investigação, que precisa ser teoricamente sustentada, e seus métodos e resultados devem ser publicamente verificáveis e criticados. O pesquisador deve ter credibilidade, portanto é essencial que suas perspectivas e seus resultados se tornem audíveis e que ele tenha realizado estudos críticos das referências bibliográficas, visto que o conhecimento se renova e se enriquece por meio de trocas de experiências e de investigação, a qual deve ser dinâmica e proporcionar novas pesquisas.

Síntese

As pesquisas em educação matemática devem considerar tanto a necessidade de natureza científica quanto as demandas relacionadas ao desenvolvimento da profissão que tem como foco principal a escola. Ambas precisam ser sistemáticas e teoricamente fundamentadas em métodos e conclusões publicamente comprovados. Vale destacarmos que, na educação matemática, o entrelaçamento da investigação teórica com a prática é necessário nas questões relativas ao processo de ensino e aprendizagem.

É um campo interdisciplinar que faz uso de teorias de outros campos teóricos, como a sociologia, a psicologia e a filosofia, para a construção de seu conhecimento. Além disso, elabora suas próprias teorias e práticas, como evidenciamos nos exemplos de González (2000), Godino (2003), Steiner (1990) e Higginson (1980), que demonstraram, com o passar do tempo, a gama de possibilidades para se promover o desenvolvimento da pesquisa.

Existe ainda a necessidade de investigação, principalmente por ser um assunto recente e de interesse educacional para as políticas públicas. É o que apontam o cenário de abrangência das pesquisas e a busca das relações entre o ensino e as dimensões da prática educativa situada no campo da educação matemática. Assim, no campo profissional e científico, os pesquisadores devem desenvolver novas temáticas e seus objetos de estudo devem realmente contribuir para a investigação em educação matemática.

Outro fator importante é entender como a educação matemática evoluiu no território brasileiro, em cada região, e como está o campo de pesquisa em estudo, considerando-se a inferência da pesquisa e da diversidade cultural sobre o ensino e a aprendizagem. A educação matemática, no Brasil e em outros países, especialmente no início dos anos 1980, foi fundamentada com proposições e estudos voltados à matemática escolar. Ela serviu de suporte para a criação de muitos grupos de pesquisa, bem como de disciplinas e de linhas e áreas de investigação, que influenciaram as propostas para a formação de professores que trabalham em distintos níveis de ensino e também de pesquisadores.

Apesar da impossibilidade de oferecer um panorama completo do que se convencionou chamar de *pesquisa em educação matemática*, por ser um cenário em transformação, consideramos relevantes as informações contidas nos *sites* citados no Quadro 4.3. Mencionamos também referências teóricas importantes, como D'Ambrósio (1993), Bicudo (1993), Ponte (1995), Fiorentini e Lorenzato (2009) e Miorim (1998), que justificam e fundamentam as práticas, ações, especificações e linhas de estudos relacionadas à pesquisa em educação matemática.

Apreender a evolução da pesquisa em educação matemática e a importância da produção acadêmica e científica é reconhecer as perspectivas da investigação como ativa, tornando-a vital e contínua; visando à qualidade e à profundidade no tratamento das questões das disciplinas que integram a investigação; percebendo as perspectivas e as tendências da influência dos resultados em diversos fatores institucionais, políticos, econômicos e culturais; e interligando professor, aluno, escola e pesquisador, em sintonia com o advento e a utilização, cada vez maior, de tecnologias a favor do cotidiano e também como ferramentas educacionais.

Atividades de autoavaliação

1. Assinale a alternativa correta sobre a evolução dos fatos na educação matemática:

    a) São identificadas quatro fases do desenvolvimento da educação matemática: gestação, nascimento, emergência de uma comunidade científica e surgimento de uma comunidade de educadores.

    b) A reforma de Francisco Campos, em 1931, teve a adoção de um currículo que privilegiava as disciplinas científicas e as matemáticas.

c) A reforma de Benjamin Constant, em 1890, teve a proposta curricular da nova disciplina de Matemática na escola secundária.

d) Na 2ª fase – nascimento da educação matemática –, surgiu, em 1971, a Lei de Diretrizes e Bases para o Ensino de 1º e 2º graus.

2. Assinale V para as afirmações verdadeiras e F para as falsas:

( ) O modelo tetraédrico proposto por Higginson (1980) mostra que, na relação da educação matemática com outras áreas, constam a filosofia (por que ensinar), a sociologia (a quem e onde ensinar), a matemática (o que ensinar) e a psicologia (quando e como ensinar).

( ) O diagrama de Steiner (1990) apresenta, em um primeiro nível, a educação matemática e, exteriormente a ele, todo o sistema social relacionado com a comunicação da matemática, suas novas áreas de interesse e as inter-relações entre educação matemática e educação em ciências experimentais.

( ) O modelo de González (2000) coloca a matemática, a psicologia, a pedagogia, a antropologia, a sociologia e a epistemologia como áreas de maior influência na educação matemática, definida também como *didática da matemática*.

( ) No modelo geométrico elaborado por Godino e Batanero (1998), a educação matemática interage com outras áreas em oito faces de um tronco de octaedro, em cujo topo está a didática da matemática.

Marque a alternativa que corresponde à sequência obtida:

a) V, V, V, F.
b) V, V, F, F.
c) V, F, F, V.
d) V, F, V, F.

3. Assinale a alternativa que completa a frase adequadamente.

> As perspectivas de pesquisa em educação matemática têm como característica principal a...

a) variedade de temáticas, entre elas: processo de ensino e aprendizagem de matemática, currículos, tecnologia no ensino de matemática, prática docente, formação e desenvolvimento profissional de professores, semiótica, avaliação, antropologia e contexto sociocultural e político do processo de ensino e aprendizagem de matemática.

b) investigação, pois, com tantas informações transversais de saberes, basta pesquisar academicamente o campo de estudo científico, que já está definido e conta com o desenvolvimento social de todos os envolvidos.

c) teoria e os conceitos desenvolvidos em cada disciplina, que se inter-relacionam e não favorecem a investigação.

d) alteração de "por que, para que e para quem ensinar" para "como ensinar".

4. Assinale a alternativa incorreta quanto às diferenças entre formação e desenvolvimento profissional do professor de Matemática:

a) A formação está associada à ideia de frequentar cursos, e o desenvolvimento profissional busca múltiplas formas e processos que incluem a frequência a cursos.

b) A formação tem o movimento de fora para dentro, e o desenvolvimento profissional, de dentro para fora.

c) A formação parte invariavelmente da teoria e, na maioria das vezes, não se sai dela, e o desenvolvimento profissional pode partir tanto da teoria quanto da prática, pois não são interligadas.

d) A formação tende a ser vista de modo compartimentado, por disciplinas, e o desenvolvimento profissional tende a implicar a pessoa do professor como um todo.

5. Assinale V para as afirmações verdadeiras e F para as falsas:

( ) Segundo Godino (2006), são três os domínios para a melhoria dos processos de ensino e aprendizagem: ação prática, ação reflexiva e tecnologia didática.

( ) O pesquisador, tanto o profissional quanto o acadêmico, na pesquisa em educação matemática, não deve explicitar sua interrogação por meio de pergunta ou de problema.

( ) O surgimento da educação matemática como campo profissional e científico advém da preocupação dos matemáticos e dos professores da área com a qualidade da divulgação e da socialização das ideias matemáticas às novas gerações.

( ) O surgimento da educação matemática como campo profissional e científico deve-se a uma iniciativa das universidades europeias, no final do século XIX, de promover formalmente a formação de professores secundários. Isso contribuiu para o aparecimento de especialistas universitários em ensino de matemática.

( ) O surgimento da educação matemática como campo profissional e científico se deve a estudos experimentais realizados por psicólogos americanos e europeus, desde o início do século XX, sobre o modo como as crianças aprendiam matemática.

Marque a alternativa que corresponde à sequência obtida:

a) F, F, V, F, V.
b) F, F, V, V, F.
c) F, V, V, V, F.
d) F, F, V, V, V.

Atividades de aprendizagem

Questões para reflexão

1. Segundo os Parâmetros Curriculares Nacionais: Ensino Médio (Brasil, 1999, p. 40-41)*,

> a Matemática no Ensino Médio não possui apenas o caráter formativo ou instrumental, mas também deve ser vista como ciência, com suas características estruturais específicas. É importante que o aluno perceba que as definições, demonstrações e encadeamentos conceituais e lógicos têm a função de construir novos conceitos e estruturas a partir de outros e que servem para validar intuições e dar sentido às técnicas aplicadas.

Ao elaborar um plano de ensino de Matemática para o ensino médio, o professor deve, pelo menos, conhecer os conceitos da educação matemática. Reflita sobre como a educação matemática pode contribuir para o conteúdo escolhido.

2. Reflita sobre as ideias dos autores a seguir e relacione-as:

- Segundo Fiorentini e Lorenzato (2009), houve uma alteração da perspectiva de investigação na educação matemática de "como ensinar?" para "por quê, para que e para quem ensinar?".

- Conforme Higginson (1980, citado por Godino, 2003), há quatro perguntas fundamentais na pesquisa em educação matemática: O que ensinar? (matemática); Por que ensinar? (filosofia); A quem e onde ensinar? (sociologia); Quando e como ensinar? (psicologia).

---

* Disponível em: <http://portal.mec.gov.br/seb/arquivos/pdf/ciencian.pdf>. Acesso em: 15 mar. 2018.

Atividades aplicadas: prática

1. A educação matemática, como campo profissional e científico, apresenta correlação direta com o matemático e o educador matemático. É possível interpretar o campo de estudo em questão com base na Figura 4.5 e nas explicações a ela relacionadas. Com base nisso, responda:

    a) De qual campo da educação matemática você faz parte hoje?

    b) A matemática é multidisciplinar e, portanto, os campos *profissionais/educadores matemáticos* e *científicos/matemáticos* não podem distanciar-se. Assim, para não haver uma preocupação estéril com o método em detrimento do conteúdo, como você atuaria para manter os laços entre os referidos campos?

2. Pesquise, nos Parâmetros Curriculares Nacionais: Matemática (Brasil, 1997)*, os objetivos gerais da disciplina para o ensino fundamental. Reflita sobre eles e descreva pelo menos três pontos em que a educação matemática pode contribuir nesse nível de ensino.

3. Dos modelos disciplinares sugeridos na Seção 4.2 (Educação matemática e perspectivas de pesquisa) pelos autores González (2000), Godino (2003), Steiner (1990) e Higginson (1980), qual você utilizaria para representar a relação da educação matemática com outras disciplinas? Por quê?

4. Escolha um dos *sites* indicados no Quadro 4.3, os quais contêm informações para o desenvolvimento de pesquisa em educação matemática, e pesquise:

    a) seu histórico;
    b) suas contribuições para a pesquisa em educação matemática;
    c) as publicações disponíveis;
    d) os eventos atuais sugeridos.

---

* Disponível em: <http://portal.mec.gov.br/seb/arquivos/pdf/livro03.pdf>. Acesso em: 15 mar. 2018.

ÉTICA NA PESQUISA EDUCACIONAL E SUAS IMPLICAÇÕES NA PESQUISA EM EDUCAÇÃO MATEMÁTICA

A preocupação com a ética na pesquisa educacional é recente e vem fomentando uma série de questões, uma vez que é necessário considerar os interesses de todos, ou seja, o homem em sua diversidade sociocultural e educacional.

No século XX, houve discussões para a formulação de regras para pesquisas envolvendo seres humanos. No Brasil, segundo Freitas (2009), foi criada a Resolução n. 001, de 14 de junho de 1988 (Brasil, 1988), que instituiu os Comitês de Ética em Pesquisa (CEP), os quais aprovaram as primeiras normas nacionais sobre ética na pesquisa envolvendo seres humanos. Em 1996, foi estabelecida a Comissão Nacional de Ética em Pesquisa (Conep).

> Para mais detalhes sobre o assunto, consulte a Resolução CNS 196, de 10 de outubro de 1996 (Brasil, 1996); a Resolução CNS 466, de 12 de dezembro de 2012 (Brasil, 2013b); a Norma Operacional n. 001, de 2013 (Brasil, 2013a) e, em vigor, a Resolução n. 510, de 7 de abril de 2016 (Brasil, 2016).

Segundo Fagiani e França (2015, p. 51), a regulamentação dos aspectos legais da ética na pesquisa é necessária em razão da "grande diversidade de sociedades e costumes que compõem a humanidade, não se trata de impedir o desenvolvimento da ciência, mas de acompanhá-la".

A ética e a moral, na maioria das vezes, são tratadas em campos diferentes, pois apresentam significados distintos: a palavra *ética* vem do grego *ethos*, que significa "modo de ser" ou "caráter", e o termo *moral* tem origem no latim *morales*, que significa "relativo aos costumes" (Walker, 2015). Resumidamente, podemos dizer que a ética está ligada à conduta, e a moral, a um conjunto de normas ou códigos.

Durkheim (2003, p. 24) afirma que "moral e direito são apenas hábitos coletivos, padrões constantes de ação que se tornam comuns a toda uma sociedade. Em outras palavras, são como a cristalização do comportamento humano". O autor descreve a moral como fatos que constituem o sistema, e não como regras abstratas que os seres humanos gravam na consciência. Portanto, a moral é compreendida como um fenômeno social e manifestada pela humanidade do ser.

> A Ética, como parte da Filosofia, dedica-se ao estudo dos valores morais e princípios ideais da conduta humana. Alguns autores fazem diferença entre a Ética, o que é bom fazer, como agir em relação aos outros; e a Moral, o que é permitido e o que deve ser feito. Enquanto a Moral trata de costumes e valores socialmente produzidos por um grupo social, a Ética aborda e reflete, principalmente, os valores dos indivíduos em face de dilemas e situações críticas da vida. (Fiorentini; Lorenzato, 2009, p. 195)

No entanto, mais importante que produzir e configurar códigos e normas de conduta ética para o pesquisador que lida com seres humanos "é difundir o comportamento humano" (Severino, 2002, p. 83), respeitando-se a dignidade das pessoas em qualquer circunstância. A ética, na investigação educacional, objetiva, de maneira geral, uma educação matemática de todos para todos, com o intuito de formar seres humanos autônomos e inclusos na sociedade, assegurando o trabalho crítico, a transformação e a investigação por meio de fatos educacionais e matemáticos.

A concepção de *ética*, que foi inserida nos conceitos básicos da educação matemática, é uma das subdivisões para a compreensão das relações entre as pessoas, podendo ser entendida como uma reflexão filosófica sobre um argumento metafísico ou religioso; como ética dedutiva; ou como uma reflexão sociológica, se houver hipóteses verdadeiras de ordem social com conceitos experimentais; e, finalmente, como ética indutiva.

Há duas direções relacionadas à educação matemática: a primeira é ligada às capacidades, aos conhecimentos e à mecanização, e a segunda, à valorização do desenvolvimento pessoal e da cidadania e à participação e à responsabilidade na coletividade. Assim, tanto o processo de ensino e aprendizagem quanto a pesquisa em matemática devem ter uma concepção sociopolítica e cultural, levando o aluno a questionar **por quê, como** e **para que**, tornando-o capaz de exercer a cidadania de forma absoluta e de participar da sociedade com opiniões, debates e discussões sobre questões políticas, econômicas, culturais e sociais.

Podemos inferir, portanto, que não há pesquisas nem pesquisadores imparciais, uma vez que sempre existem interesses envolvidos em uma investigação, os quais podem não combinar com os da população investigada. Ainda que a ética permeie todas as abordagens metodológicas, ela fica mais visível nas abordagens qualitativas, pois estas objetivam a proximidade entre os envolvidos. Cabe ao pesquisador questionar constantemente **por quê, para que, como** e **o que** investigar, assim como **o que** e **como** divulgar os resultados da pesquisa (Fiorentini; Lorenzato, 2009).

5.1 ÉTICA NA PESQUISA EDUCACIONAL

Fagiani e França (2015, p. 52), com base nos estudos de André (1995), relatam que, no final do século XIX, "os cientistas sociais começaram a questionar se o método de investigação das ciências físicas e naturais, fundadas numa perspectiva positivista de conhecimento, deveria servir como modelo de estudo dos fenômenos humanos e sociais". Dilthey (1989), por sua vez, aponta que casos humanos e sociais são bastante complexos e dinâmicos, e Weber (1994) ressalta o entendimento dos significados conferidos pelos sujeitos às suas ações. É nesse contexto que Fagiani e França (2015, p. 52) classificam as pesquisas educacionais como um "campo das ciências humanas, fértil e dinâmico na produção de conhecimento que permite diferentes práticas, metodologias e a abordagens de uma enorme diversidade de questões".

Em 2016, houve o American Educational Research Association (Aera), em Washington – o primeiro encontro das associações de pesquisa em educação realizado nas Américas, com a participação do Brasil. O encontro fortaleceu os tópicos de investigação que tratam da pesquisa educacional como um campo científico de estudo e que procuram entender e explicar como a aprendizagem ocorre ao longo da vida de uma pessoa e como os contextos formais e informais da educação afetam todas as formas de aprendizagem.

Como o tema *pesquisa educacional* ainda é recente, muitos estudos e análises estão por vir, exigindo do pesquisador um olhar atento e sensível também às diversidades presentes no tratamento da ética. O principal mecanismo dessa ação é o respeito mútuo entre pesquisador, pesquisado e comunidade.

A formatação da pesquisa educacional em "regras éticas a serem seguidas sem levar em consideração a peculiaridade de cada projeto pode trazer limitações" (Fagiani; França, 2015, p. 53), que inviabilizariam seu desenvolvimento e a exploração completa das situações, com influência direta em sua qualidade. Por envolver seres humanos, a pesquisa deve respeitar os valores individuais, culturais, sociais, morais e religiosos dos participantes (alunos, familiares, professores ou funcionários, enfim, a comunidade que compõe determinado ambiente educativo).

De acordo com os Parâmetros Curriculares Nacionais: Matemática (Brasil, 1997), na apresentação dos temas transversais, a ética diz respeito às reflexões sobre as condutas humanas, partindo do seguinte questionamento: "Como agir perante os outros?". A questão central é a justiça, entendida e inspirada pelos valores de igualdade e equidade, particularmente na escola. Seja nas relações entre os agentes que constituem a instituição, seja nas disciplinas do currículo, o tema *ética* é tratado com vistas à construção da cidadania.

No contexto das pesquisas educacionais, há preocupação com diversas abordagens teóricas e metodológicas para a aquisição e a interpretação dos dados. Gatti (2007) afirma que a pesquisa educacional, como vem sendo realizada, contempla uma diversidade de questões, de diferentes conotações, todas relacionadas ao desenvolvimento das pessoas e das sociedades.

A pesquisa educacional abrange questões

> filosóficas, sociológicas, psicológicas, políticas, biológicas, administrativas etc. Ao pensar apenas na questão de educação escolar, a questão de investigação abrange problemas de legislação, de currículo, de métodos e tecnologia de ensino, de formação de docentes, das relações professores e alunos, entre tantas outras questões, ou seja, pesquisar em educação significa trabalhar com seres humanos e o relativo, ou com eles mesmos, em seu próprio processo de vida. (Gatti, 2007, p. 12)

A investigação educacional chamada *naturalística*, ou *naturalista*, e a qualitativa são abordadas por vários autores. André (1995, p. 17) explica que a naturalística "não envolve manipulação de variáveis nem tratamento experimental, é o estudo do fenômeno em seu acontecer natural"; já a qualitativa sugere que, por meio de unidades possíveis de serem mensuradas e estudadas isoladamente, chega-se ao real de uma situação, levando em consideração todos os seus componentes e variáveis em suas interações. Bogdan e Biklen (1994, p. 76) ressaltam que a "investigação qualitativa se assemelha mais ao estabelecimento de uma amizade do que de um contrato".

Ao analisar a pesquisa qualitativa em educação, esses autores salientam diversas proposições relacionadas ao código de ética. Fagiani e França (2015, p. 53), por sua vez, ressaltam a dificuldade do pesquisador em combinar pontos que podem ou não ser abordados na pesquisa qualitativa, uma vez que "se trata de uma pesquisa de relação continuada".

André (1995) e Bogdan e Biklen (1994) destacam os princípios éticos perante diferentes estilos e tradições de trabalho, considerando-os uma questão importante na pesquisa e sugerindo, ainda, alguns preceitos gerais, como sigilo, respeito, honestidade e fidelidade.

Outro ponto relevante na pesquisa educacional são os estudos de caso e a coleta e a divulgação dos dados. Segundo Bassey (2003), o estudo de caso educacional é uma investigação empírica geralmente conduzida em um contexto natural e conforme uma ética de respeito às pessoas. André (2008, p. 36) destaca que "tanto a coleta quanto a divulgação dos dados devem ser pautadas por princípios éticos, por respeito aos sujeitos".

Gatti (2005, p. 55) argumenta que o "pesquisador é o interprete dos participantes". Quando analisa e divulga a pesquisa, ele precisa apresentar "com ética e clareza os múltiplos pontos de vista", e não apenas os que acha interessantes. Os questionamentos éticos devem levar em consideração, entre outros aspectos, os direitos dos entrevistados, "o respeito e bem-estar dos participantes, a preservação da identidade das pessoas envolvidas, os usos e abusos das informações e citações de outros autores, a fidedignidade das informações" (Fiorentini; Lorenzato, 2009, p. 196) – uma ética ampla, portanto, com implicações humanas, sociais e políticas, o que requer respeito aos indivíduos civis na pesquisa.

5.1.1 CONSENTIMENTO NA PESQUISA EDUCACIONAL

Ao iniciar uma investigação de campo, segundo as normas éticas, o pesquisador deve sempre comunicar aos participantes o propósito da pesquisa, as estratégias para a coleta de dados e como estes serão utilizados e divulgados futuramente. Dessa forma, os sujeitos podem aderir "voluntariamente aos projetos de investigação, cientes da natureza do estudo e dos perigos e das obrigações nele envolvidos" (Bogdan; Biklen, 1994, p. 75).

A conduta assumida pelo pesquisador durante a execução de sua investigação científica deve ser observada e, em alguns casos, questionada e verificada. A Resolução n. 510/2016 "dispõe sobre as normas aplicáveis a pesquisas em Ciências Humanas e Sociais" (Brasil, 2016) e sobre a obtenção do consentimento e do assentimento do participante. A resolução, que está em vigor, é um dos itens da "Bibliografia comentada" para estudos e detalhes da pesquisa.

Segundo o art. 15 dessa resolução, o participante da pesquisa é aquele que dela participa como indivíduo isolado ou como grupo, de forma voluntária:

> O Registro do Consentimento e do Assentimento é o meio pelo qual é explicitado o consentimento livre e esclarecido do participante ou de seu responsável legal, sob a forma escrita, sonora, imagética, ou em outras formas que atendam às características da pesquisa e dos participantes, devendo conter informações em linguagem clara e de fácil entendimento para o suficiente esclarecimento sobre a pesquisa. (Brasil, 2016)

As Resoluções n. 196/1996 e n. 510/2016, respectivamente, apontam que será dada atenção especial a casos em que os sujeitos apresentem características de:

- **Incapacidade civil ou legal** – "Refere-se ao possível sujeito da pesquisa que não tenha capacidade civil para dar o seu consentimento livre e esclarecido, devendo ser assistido ou representado, de acordo com a legislação brasileira vigente" (Brasil, 1996).

- **Vulnerabilidade** – "situação na qual pessoa ou grupo de pessoas tenha reduzida a capacidade de tomar decisões e opor resistência na situação da pesquisa, em decorrência de fatores individuais, psicológicos, econômicos, culturais, sociais ou políticos" (Brasil, 2016).

No caso de crianças e adolescentes menores de 18 anos, há uma legislação específica: o Estatuto da Criança e do Adolescente (ECA) – Lei n. 8.069, de 13 de julho de 1990 (Brasil, 1990) –, que também fornece orientações com relação a menores infratores, em regime de privação de liberdade ou de liberdade assistida. No caso de crianças e adolescentes em regime de abrigo, cabe a licença do dirigente do local; no caso de adultos presos, além da autorização do dirigente, é requerida a anuência da Vara de Execuções Criminais (Digiácomo; Digiácomo, 2011); e, no caso de populações indígenas, a participação de um consultor familiarizado com os costumes e as tradições da comunidade é obrigatória, conforme autorização da Conep/CEP (Brasil, 1996).

Segundo o art. 17 da Resolução n. 510, o consentimento livre e esclarecido deverá conter esclarecimentos suficientes sobre a pesquisa, incluindo:

> I – a justificativa, os objetivos e os procedimentos que serão utilizados na pesquisa, com informação sobre métodos a serem utilizados, em linguagem clara e acessível, aos participantes da pesquisa, respeitada a natureza da pesquisa;
>
> II – a explicitação dos possíveis danos decorrentes da participação na pesquisa, além da apresentação das providências e cautelas a serem empregadas para evitar situações que possam causar dano, considerando as características do participante da pesquisa;
>
> III – a garantia de plena liberdade do participante da pesquisa para decidir sobre sua participação, podendo retirar seu consentimento, em qualquer fase da pesquisa, sem prejuízo algum;
>
> IV – a garantia de manutenção do sigilo e da privacidade dos participantes da pesquisa seja pessoa ou grupo de pessoas, durante todas as fases da pesquisa, exceto quando houver sua manifestação explícita em sentido contrário, mesmo após o término da pesquisa;
>
> V – informação sobre a forma de acompanhamento e a assistência a que terão direito os participantes da pesquisa, inclusive considerando benefícios, quando houver;
>
> VI – garantia aos participantes do acesso aos resultados da pesquisa;
>
> VII – explicitação da garantia ao participante de ressarcimento e a descrição das formas de cobertura das despesas realizadas pelo participante decorrentes da pesquisa, quando houver;
>
> VIII – a informação do endereço, e-mail e contato telefônico, dos responsáveis pela pesquisa;
>
> IX – breve explicação sobre o que é o CEP, bem como endereço, e-mail e contato telefônico do CEP local e, quando for o caso, da CONEP; e
>
> X – a informação de que o participante terá acesso ao registro do consentimento sempre que solicitado.

Fiorentini e Lorenato (2009, p. 197) asseveram que o "consentimento dos sujeitos pode ser formalmente estabelecido mediante um contrato assinado por ambas as partes, no qual são descritos, de partida, os objetivos e finalidades da pesquisa e o direito à realização da pesquisa de campo e ao uso de imagens e depoimentos". Ainda segundo os autores, no caso da pesquisa qualitativa, dois princípios éticos devem ser considerados:

1. **Procedimentos de coleta de informações** – O dilema surge quando o investigador, tendo em vista, por exemplo, seu interesse em investigar crenças, concepções, teorias implícitas e experiências significativas de professores de Matemática, não pode informar aos sujeitos tudo o que pretende, pois estaria induzindo respostas ou criando uma postura defensiva por parte dos informantes.

2. **Nem todos os objetivos e procedimentos de coleta de informações podem ser enunciados ou previstos antes do início do trabalho de campo** – Isso acontece, principalmente, na pesquisa qualitativa ou nos estudos de pesquisa-ação, pois algumas questões ou hipóteses de investigação somente se tornarão claras ou definidas ao longo do processo.

Nesses casos, o pesquisador deve comunicar e justificar ao sujeito os motivos da omissão de algumas informações, sendo facultativa a possibilidade de este participar da pesquisa. É recomendável "manter os sujeitos continuamente informados sobre mudanças na pesquisa, justificando a razão das mesmas e a conveniência de rever ou complementar o contrato inicial" (Fiorentini; Lorenzato, 2009, p. 198).

Segundo as normas éticas, a participação dos envolvidos pode ser interrompida a qualquer tempo caso haja constrangimento ou mudança de procedimento que eles não aprovem. O pesquisador deve, portanto, reconsiderar, a todo momento, a metodologia utilizada e ter a prudência de, antes de finalizar o trabalho, verificar se não houve interferência nos resultados em decorrência da autoexclusão do participante.

Levando em consideração todas as questões aqui levantadas, é importante que o investigador tenha a oportunidade e a iniciativa de associar-se aos comitês de ética e pesquisa, com o intuito de enriquecer seu domínio teórico, prático e ético (Fiorentini; Lorenzato, 2009).

5.1.2 Preservação da identidade e da integridade do participante

A Resolução n. 196/1996 afirma que o pesquisador é responsável pela coordenação e pela realização da pesquisa e também pela integridade física, pelo bem-estar e pela imagem pública de seus sujeitos.

Em alguns casos, adota-se o procedimento de omitir os verdadeiros nomes, "usando pseudônimos escolhidos pelo pesquisador ou pelos próprios informantes" (Fiorentini; Lorenzato, 2009, p. 199). No entanto, a utilização do pseudônimo não divulga o trabalho ou a produção intelectual do informante, atitude que pode não ser a mais correta eticamente.

Quando se trata de produção intelectual, segundo Pinto (2002) e Jiménez (2002), a confiança depositada nos pesquisadores, a riqueza de informações fornecidas e os saberes que os professores produzem nos contextos de trabalho colaborativo e investigativo apresentam certo risco com relação à integridade da imagem dos informantes. Conforme Fiorentini e Lorenzato (2009), outro pesquisador poderá explorar o material publicado e realizar outras interpretações e análises, que, talvez, não sejam favoráveis.

Para que fatos desse tipo não ocorram, o pesquisador, antes de publicar um artigo ou defender sua tese, deve repassar aos participantes o texto final, para que, em uma postura eticamente aconselhável, obtenha aprovação e autorização para publicação. É nessa hora que os participantes devem decidir por preservar ou não sua identidade. Outro possível impasse é uma parte do grupo querer o anonimato e a outra impor a divulgação de seus verdadeiros nomes. Nessa circunstância, uma negociação entre os participantes pode auxiliar na resolução do dilema (Fiorentini; Lorenzato, 2009).

A consideração de questões referentes à integridade e identidade na pesquisa é ainda tímida nas instituições e mesmo nos grandes congressos temáticos, pois raramente há espaço para debates sobre o assunto. A discussão sobre a responsabilidade do cientista e também sobre a responsabilidade coletiva implica reflexão sobre as atuais pesquisas educacionais desenvolvidas e demanda conhecimentos éticos.

5.1.3 Interferência do pesquisador

A própria relação do pesquisador com o indivíduo pesquisado pode produzir alguma distorção no processo. Além disso, "os valores do pesquisador influenciam na seleção do problema, da teoria e dos métodos de análise. O pesquisador torna-se um construtor da realidade pesquisada pela sua capacidade de interpretação" (Freitas, 2007, p. 3).

Segundo Fiorentini e Lorenzato (2009, p. 200), "o pesquisador, ao iniciar uma investigação de campo, sempre produz intervenções no ambiente a ser investigado e, no ponto de vista ético, é recomendável que essa intervenção seja a mínima possível".

Para Bogdan e Biklen (1994), o pesquisador não deve tentar conduzir as respostas do entrevistado com perguntas pouco abertas e precisa evitar demonstrar reações de espanto, aprovação e reprovação ante as respostas do pesquisado.

> O pesquisador pode interferir nas manipulações de dados, nas conclusões pouco prováveis, utilizar recursos de convencimentos não lícitos. Essa manipulação de dados não é uma característica exclusiva das pesquisas sob abordagem qualitativa. Ela acontece nas abordagens quantitativas nas quais, tendo em vista interesses econômicos ou políticos, há manipulação estatística de índices ou cifras. Manipulações tais como: a construção de gráficos que alteram a proporcionalidade numérica; supervalorização de uma informação que, comparativamente, não seria tão significativa; dispersão de variáveis na coleta de informações e reunião de variáveis na hora do tratamento e divulgação dos resultados. (Fiorentini; Lorenzato, 2009, p. 203)

Na pesquisa educacional, fazem parte do material de análise do pesquisador equipamentos de gravação ou de registro da investigação. Trata-se de instrumentos valiosos para a diminuição de dúvidas e de interferências nas análises, desde que o uso seja feito com o consentimento do participante.

O grande desafio colocado por essa perspectiva de interferência decorre da consideração de que a análise requer um trabalho coletivo. Essa possibilidade implica reflexão sobre a ação do pesquisador em campo e sobre como interpretar o objeto investigado. Isso garantiria aos pesquisadores trocas de ideias em conversas, que deveriam ser constantes e processuais, colaborando para que o investigador não afetasse os resultados de seus estudos (Sant'Ana, 2010).

5.1.4 Divulgação dos resultados

A divulgação – última etapa da pesquisa educacional – deve ser feita da forma mais adequada possível, para que a comunidade científica tome conhecimento dos seus resultados. A importância de torná-los públicos reside na possibilidade de outros pesquisadores utilizarem a informação e realizarem novas pesquisas com base nesses resultados.

Na pesquisa educacional, é importante oferecer resultados significativos para a comunidade escolar que se pretende estudar/pesquisar. O diálogo é o ponto fundamental para que todos sejam ouvidos e possam expressar suas opiniões de acordo com os saberes que já têm e foram construídos para além dos muros da escola.

A Resolução n. 510/2016 (Brasil, 2016) considera e prevê, no capítulo "Termos e definições", a importância do relatório final, "aquele apresentado no encerramento da pesquisa, contendo todos os seus resultados".

Segundo Fiorentini e Lorenzato (2009), as questões de ordem ética perpassam o problema da divulgação dos resultados de uma pesquisa. Como exemplos, seguem, em formato de perguntas, alguns questionamentos para reflexão:

> o pesquisador tem o direito de divulgar todos os resultados encontrados? Ou tem o direito de ocultar algumas informações importantes? Que tipos de resultados podem ser disseminados sem devassar a integridade ou intimidade dos informantes? Qual o compromisso do pesquisador com o retorno do estudo aos sujeitos que

participaram ou cooperaram com a realização da pesquisa? Existem resultados em que o pesquisador tem o direito de não retornar aos participantes da pesquisa ou às instituições das quais fazem parte? Que resultados ou conclusões podem ser eticamente discriminatórios? Até que ponto é conveniente anexar, ao relatório de pesquisa, vídeos ou imagens dos sujeitos investigados? (Fiorentini; Lorenzato, 2009, p. 201)

A ética pode se refletir na maneira como o processo da pesquisa é conduzido e, principalmente, no modo como as investigações e as argumentações são elaboradas, não considerando os contextos e as situações socioculturais que propiciam esses resultados (Fiorentini; Lorenzato, 2009).

Os autores afirmam que "um dilema ético, neste âmbito, é aquele apontado por Bogdan e Biklen (1994, p. 78), no qual o investigador se vê 'numa posição em que as suas obrigações como investigador podem colidir com as suas obrigações como cidadão'" (Fiorentini; Lorenzato, 2009, p. 202). Eles apresentam como exemplo dessa situação "casos em que o pesquisador, ao investigar práticas escolares em matemática, se depara com situações em que o professor utiliza de violência física para controlar a disciplina dos alunos" (Fiorentini; Lorenzato, 2009, p. 202).

No tocante à divulgação dos resultados, uma recomendação ética é o compromisso que o pesquisador precisa ter com a escola ou os indivíduos que auxiliaram na execução do estudo. Eles devem ser os primeiros a receber o resultado da pesquisa realizada, o que pode ser feito por meio de textos ou, preferencialmente, de palestras ou seminários (Fiorentini; Lorenzato, 2009).

A divulgação da pesquisa educacional tem implicações sociais no que diz respeito tanto à omissão quanto à devolução dos dados. Por isso, é importante que o pesquisador se interrogue permanentemente sobre como será a divulgação dos resultados, visto que as informações, dependendo da forma como são tratadas, analisadas e divulgadas, podem tanto contribuir para a educação quanto trazer informações distorcidas, prejudicando e colocando em risco a própria integridade e a do pesquisado.

5.2 Implicação da ética para a pesquisa em educação matemática

O investigador da educação matemática deve considerar a liberdade e a responsabilidade em seu trabalho. Assim, deve ponderar sobre deveres, prazos, responsabilidades, preferências, direitos, relações sociais, discernimento e preceitos morais, tanto pessoais quanto coletivos, a fim de efetivar seus pareceres e suas ações. Toda "ação educativa é muito complexa e imprevisível" (Fiorentini; Lorenzato, 2009, p. 206). É nesse emaranhado educacional e moral que o código de ética aparece, não apenas como um aglomerado de normas ou ordens impostas, mas como um orientador às práticas do educador, como uma atribuição de princípios, julgamentos e decisões.

Ernest (2002, p. 1) define três domínios dos valores na educação matemática:

1. **Matemático** – Aquisição de domínio sobre a linguagem, as habilidades e as práticas para usar e aplicar a matemática.

2. **Social** – Habilidade em aplicar a matemática para melhorar as oportunidades no estudo e no trabalho e para prosseguir pleno no mundo dos afazeres, na vida e na sociedade como cidadão crítico e reflexivo.

3. **Epistemológico** – Crescimento da autoconfiança não apenas no que se refere ao uso da matemática, mas também em termos de criação e validação do conhecimento, com emancipação, identidade e confiança.

A matemática praticada com enfoque social promove a educação matemática, que contribui para o crescimento epistemológico do pesquisador e do pesquisado, estando a ética presente nessa simbiose.

Embora tenha aumentado nos últimos anos, a produção de textos sobre ética e educação ainda é pequena em relação à preocupação atual e à demanda dos professores, visto que a ética é ponto de destaque para a dignidade do ser humano, a justiça e a moral. Uma postura recomendável e central que merece reflexões é o debate entre grupos constituídos por professores e pesquisadores. A troca de experiências e o estudo de pesquisas e documentos sobre ética podem levar ao planejamento de propostas que impliquem observações dessa conduta tanto para o meio educacional quanto para o da pesquisa.

As funções práticas da ética na pesquisa educacional, com a perspectiva de uma educação matemática de todos para todos, provedora de seres humanos autônomos e inclusos na sociedade, propiciam o agir criticamente, o transformar e o pesquisar e analisar os fatos educacionais e matemáticos.

Síntese

Por envolver seres humanos, a pesquisa em educação deve respeitar os valores individuais, culturais, sociais, morais e religiosos dos participantes (alunos, familiares, professores ou funcionários, enfim, a comunidade que compõe determinado ambiente educativo). Isso exige do pesquisador um olhar atento e sensível também às diversidades presentes nas instituições, sendo o principal mecanismo dessa ação o respeito mútuo entre pesquisador, pesquisado e comunidade.

A ética e a moral, na maioria das vezes, são tratadas em campos diferentes, pois apresentam significados distintos. Resumidamente, pode-se dizer que a ética está ligada à conduta pessoal, e a moral, a um conjunto de regras estabelecidas.

Segundo os Parâmetros Curriculares Nacionais: Matemática (Brasil, 1997), na apresentação dos temas transversais, a ética diz respeito às reflexões sobre as condutas humanas, partindo do seguinte questionamento: "Como agir perante os outros?". A questão central é a justiça, entendida e inspirada pelos valores de igualdade e equidade, particularmente na escola. Seja nas relações entre os agentes que constituem a instituição, seja nas disciplinas do currículo, o tema *ética* é tratado com vistas à construção da cidadania.

Os aspectos éticos devem estar sempre presentes na pesquisa científica, em maior ou menor grau. É fato que se tornam mais evidentes nas pesquisas qualitativas, por sua natureza exploratória, uma vez que demandam respeito e cuidado desde a escolha da amostra, a formação e o tratamento do banco de dados até o uso de imagens.

De fato, a pesquisa nunca é neutra, pois o pesquisador sempre tem uma intenção. Por isso, é importante que ele ofereça resultados significativos para a comunidade que pretende estudar/pesquisar. O diálogo é o ponto fundamental para que todos sejam ouvidos e possam expressar suas opiniões de acordo com os saberes que já têm e foram construídos para além dos muros da escola.

Atividades de autoavaliação

1. Assinale V para as afirmações verdadeiras e F para as falsas:

    ( ) A palavra *moral* vem do latim *morales* e significa "costumes".

    ( ) As palavras *ética* e *moralidade* são sinônimas.

    ( ) As normas morais não variam e independem da cultura e do período histórico.

    ( ) A palavra *ética* vem do grego *ethos*, que significa "modo de ser".

    ( ) A ética está ligada à conduta, e a moral, a um conjunto de regras.

    Marque a alternativa que corresponde à sequência obtida:

    a) F, V, V, V, F.
    b) V, F, F, F, V.
    c) V, F, F, V, V.
    d) F, V, V, F, V.

2. Assinale a alternativa correta sobre ética:

    a) No Brasil, foi instituído, primeiramente, o Comitê de Ética na Pesquisa (CEP), que aprovou as primeiras normas sobre ética na pesquisa envolvendo seres humanos e saúde.

    b) O conceito de *ética* foi incluído nos conceitos básicos da educação matemática, sendo identificado como uma das ramificações para a busca do conhecimento das relações entre os seres humanos.

c) Por envolver seres humanos, a pesquisa em educação deve se reportar aos conselhos escolares e aos grêmios estudantis, pois esses comitês têm normas para alunos, familiares, professores, funcionários, enfim, para a comunidade que compõe determinado ambiente educativo.

d) Nos Parâmetros Curriculares Nacionais: Matemática (Brasil, 1997), nada consta, nos temas transversais, sobre as condutas humanas/éticas.

3. Assinale V para as afirmações verdadeiras e F para as falsas:

( ) O sujeito da pesquisa é aquele que participa como indivíduo isolado ou como grupo, de forma voluntária.

( ) No consentimento da pesquisa educacional, o pesquisador deve dar atenção especial aos casos de vulnerabilidade e incapacidade, conforme as Resoluções n. 196/1996 e n. 510/2016.

( ) No consentimento da pesquisa educacional, no caso da pesquisa qualitativa, os dois princípios éticos são: procedimentos de coletas de informação e domínio teórico.

( ) A Resolução n. 510/2016 garante plena liberdade ao participante da pesquisa para decidir sobre sua participação. Porém, depois de assinado, ele não pode, em qualquer fase da pesquisa, retirar seu consentimento sem prejuízo.

( ) Conforme a Resolução n. 510/2016, fica a cargo do pesquisador o dever ou não de explicar ao participante o que é o CEP, bem como de fornecer o endereço, o *e-mail* e o telefone do CEP local e, quando for o caso, da Conep.

Marque a alternativa que corresponde à sequência obtida:

a) V, V, F, F, F.
b) V, V, F, V, F.
c) V, F, F, V, F.
d) V, V, V, F, F.

4. Assinale a alternativa **incorreta** a respeito da conduta ética:

   a) A preservação da integridade física e da imagem pública dos participantes da pesquisa consta na Resolução n. 196/1996 como responsabilidade do pesquisador.

   b) No tocante à interferência do pesquisador na pesquisa educacional, o uso de equipamentos de gravação ou de registro da investigação são valiosos, pois contribuem para que não ocorram interferências nas análises da investigação.

   c) A Resolução n. 510/2016 considera e prevê o relatório final, que é apresentado no encerramento da pesquisa e contém todos os seus resultados.

   d) Uma recomendação ética com relação à divulgação dos resultados da pesquisa é o compromisso que o pesquisador deve ter com a Conep. Caso o comitê libere a divulgação, o consentimento do participante não será mais necessário.

5. Assinale V para as afirmações verdadeiras e F para as falsas:

   ( ) A divulgação da pesquisa educacional é a última etapa da investigação, quando a comunidade científica toma conhecimento de seus resultados.

   ( ) A ética na pesquisa educacional não é recente, conforme a Resolução n. 510/2016.

   ( ) A divulgação da pesquisa educacional tem implicações sociais no que diz respeito tanto à omissão quanto à devolução dos dados. Por isso, é importante que o pesquisador se interrogue permanentemente sobre como será a divulgação dos resultados da investigação.

   ( ) Os sujeitos que compõem a pesquisa podem aderir voluntariamente aos projetos de investigação, cientes da natureza do estudo e dos perigos e das obrigações envolvidos.

   ( ) O pesquisador é o intérprete dos participantes. Portanto, quando analisa e divulga os resultados, ele precisa apresentar com ética e clareza os múltiplos pontos de vista, expondo apenas o que acha interessante para a sua pesquisa.

Marque a alternativa que corresponde à sequência obtida:

a) V, V, F, F, F.
b) V, V, F, V, F.
c) V, F, V, V, F.
d) V, F, V, F, F.

Atividades de aprendizagem

Questões para reflexão

1. Nos Parâmetros Curriculares Nacionais: Matemática (Brasil, 1997), a ética diz respeito às reflexões sobre as condutas humanas, partindo da seguinte questão: "Como agir perante os outros?". Reflita sobre como agir integrando a pesquisa em educação matemática e a ética.

2. Gatti (2005, p. 55) comenta que o "pesquisador é o interprete dos participantes". Quando analisa e divulga a pesquisa, ele precisa apresentar "com ética e clareza os múltiplos pontos de vista", e não apenas os que acha interessantes. Reflita sobre essa afirmação e responda à seguinte pergunta: Qual é a importância do consentimento do participante na pesquisa educacional?

Atividades aplicadas: prática

1. Leia uma afirmação feita por Fiorentini e Lorenzato (2009, p. 193, grifo nosso):

> Não há pesquisa nem pesquisadores neutros. Por trás de uma pesquisa há interesses, que nem sempre coincidem com os dos sujeitos investigados. Embora a ética atravesse todas as abordagens metodológicas de pesquisa, ela é mais evidente nas abordagens qualitativas, pois estas buscam, mais que as outras, perscrutar a intimidade da vida privada dos informantes ou de pequenos grupos. Por isso, torna-se imperativo que o pesquisador se interrogue permanentemente sobre **por que** investiga, **para que** investiga, **como** investiga e **o que** e **como** divulgar os resultados da pesquisa.

Nesse trecho, podemos observar três palavras fundamentais: *pesquisa*, *pesquisador* e *ética*. Comente esses termos e relacione-os.

2. A Comissão Nacional de Ética em Pesquisa (Conep) e os Comitês de Ética na Pesquisa (CEP) estão presentes em todas as universidades e centros de pesquisa e devem ser formados e estarem atuantes nas análises dos diferentes tipos de investigações que emergem desses ambientes. Isso vale também para os diferentes meios de comunicação científica, tais como revistas e demais periódicos de divulgação. Sabendo disso, consulte o *link* a seguir::

CONEP – Comissão Nacional de Ética em Pesquisa. Disponível em: <http://conselho.saude.gov.br/web_comissoes/conep/>. Acesso em: 15 mar. 2018.

Agora, pesquise na página do Conep:
a) Histórico e função da comissão.
b) Resoluções propostas pelo Conep.

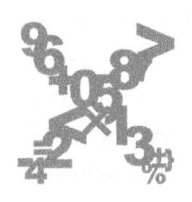

Considerações finais

Neste livro, evidenciamos a necessidade de ampliar os estudos e as discussões para futuras pesquisas em educação matemática. Por se tratar de uma pesquisa, a intenção é ampliar os horizontes do processo de ensino e aprendizagem de matemática continuamente, sem limites, com vistas a acrescentar informações, integrar dados, corrigir resultados e expandir novos conhecimentos.

Nesse sentido, a busca do saber passa pelo entendimento dos métodos que dão suporte adequado às metodologias de trabalho de ensino e de pesquisa. Apesar de as investigações na área de educação matemática serem recentes, percebemos que há grandes contribuições de pesquisas e avanços para essa modalidade de ensino.

Não tínhamos a pretensão de abranger nesta obra todas as questões relativas às pesquisas em educação matemática, por ser um tema recente que apresenta várias dimensões envolvidas (social, cultural, econômica, entre outras). Ademais, as atividades práticas e teóricas estão em constante mudança, na busca incessante de aprimoramento do processo de ensino e aprendizagem.

Nosso objetivo era estimulá-lo a buscar motivações para encontrar respostas a suas indagações, respaldadas e sistematizadas em procedimentos metodológicos pertinentes, uma vez que a atividade de pesquisa requer imaginação criadora, iniciativa, persistência, originalidade, dedicação e planejamento para a obtenção de uma resposta segura sobre a questão que deu origem à problematização.

Por fim, confirmamos que a articulação das etapas, como estratégia de pesquisa, possibilita maior enriquecimento na construção de novos conhecimentos. Além disso, ressaltamos que a educação matemática demanda o entrelaçamento da investigação teórica com a prática no que tange a questões concernentes ao processo de ensino e aprendizagem na triangulação aluno, professor e escola. Isso exige do pesquisador um olhar atento e sensível também às diversidades, sendo o principal mecanismo dessa ação o respeito mútuo entre pesquisador, pesquisado e comunidade.

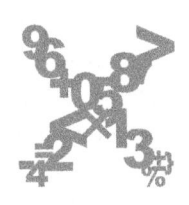

Lista de Siglas

ABC – Academia Brasileira de Ciências
ABE – Associação Brasileira de Educação
Aera – American Educational Research Association
Anpae – Associação Nacional de Política e Administração da Educação
Anped – Associação Nacional de Pós-Graduação e Pesquisa em Educação
Caem – Centro de Aperfeiçoamento do Ensino de Matemática
Capes – Coordenação de Aperfeiçoamento de Pessoal de Nível Superior
CBPE – Centro Brasileiro de Pesquisas Educacionais
CEP – Comitês de Ética na Pesquisa
CNP – Conselho Nacional de Pesquisa
CNPq – Conselho Nacional de Pesquisas
CNS – Conselho Nacional da Saúde
Conep – Comissão Nacional de Ética em Pesquisa
DCE – Diretrizes Curriculares da Educação Básica
Eepem – Encontro de Ensino e Pesquisa em Educação Matemática
EMFoco – Educação Matemática em Foco
Enem – Encontro Nacional de Educação Matemática
Finep – Financiadora de Estudos e Projetos
Fisem – Federación Iberoamericana de Sociedades de Educación Matemática

Geem – Grupo de Estudos do Ensino da Matemática
Geeme – Grupo de Estudos do Ensino de Matemática
Geempa – Grupo de Estudos de Ensino da Matemática
Gepem – Grupo de Estudos e Pesquisas em Educação Matemática
Gloem – Grupo de Pesquisa em História Oral e Educação Matemática
GPEM – Grupo de Pesquisa em Educação Matemática
H1 – Hipótese de pesquisa
Ho – Hipótese nula
IBGE – Instituto Brasileiro de Geografia e Estatística
ICM – Congresso Internacional de Matemáticos
ICMI – International Commission on Mathematical Instruction
IDE – Indicadores Demográficos e Educacionais
Ideb – Índice de Desenvolvimento da Educação Básica
IMO – International Mathematical Olympiad
Impa – Instituto de Matemática Pura e Aplicada
IMU – União Internacional de Matemáticos
Imuk/ICMI/Ciem – Comissão Internacional de Instrução Matemática
Inep – Instituto Nacional de Estudos e Pesquisas Educacionais Anísio Teixeira
Inpa – Instituto de Pesquisas da Amazônia
JRME – Jornal for Research in Mathematics Education
LDBEN – Lei de Diretrizes e Bases da Educação Nacional
MEC – Ministério da Educação
NAE – Academia Nacional de Educação
NCTM – National Council of Teachers of Mathematics
Nedem – Núcleo de Estudo e Difusão do Ensino da Matemática
Nupemm – Núcleo de Pesquisa em Modelagem Matemática
Obmep – Olimpíada Brasileira de Matemática das Escolas Públicas
OECD – Organisation for Economic Cooperation and Development
OECE – Organização Europeia de Cooperação Econômica
OEI – Organização dos Estados Ibero-Americanos
PCN – Parâmetros Curriculares Nacionais
Pisa – Programme for International Student Assessment
PNE – Plano Nacional de Educação
Proem – Programa de Estudos e Pesquisa no Ensino de Matemática
PUC-SP – Pontifícia Universidade Católica de São Paulo
Revemat – Revista Eletrônica de Educação Matemática
Sbem – Sociedade Brasileira de Educação Matemática
SBM – Sociedade Brasileira de Matemática

SBPC – Sociedade Brasileira para o Progresso da Ciência
Sipem – Seminário Internacional de Pesquisa em Educação Matemática
Spec/Padct/MEC – Subprojetos de Ensino de Ciências do Programa de Apoio ao Desenvolvimento Científico e Tecnológico do Ministério da Educação
TIMSS – Trends in International Mathematics and Science Study
Unesco – Organização das Nações Unidas para a Educação, a Ciência e a Cultura
Unesp – Universidade Estadual Paulista
USU – Universidade Santa Úrsula

Glossário

Big data: grande volume de dados (Exame, 2012).

Estatística não paramétrica: "técnicas que não fazem suposição numerosas ou restrições sobre a população da qual os dados são extraídos; livres de distribuição" (Siegel; Castellan Jr., 2006, p. 24).

Intervalo de confiança: "intervalo de valores ao qual o valor verdadeiro do parâmetro pertenceria com uma dada probabilidade, denominada nível de confiança" (Braga, 2010, p. 230).

Métodos estatísticos: "permitem determinar a margem de erro associada às conclusões, com base no conhecimento da variabilidade observada nos resultados" (Sídia, 2007, p. 13).

Microdados: "consistem no menor nível de desagregação dos dados de uma pesquisa, retratando, sob a forma de códigos numéricos, o conteúdo dos questionários, preservado o sigilo das informações" (IBGE, 2018).

Paradigma: "conjunto de regras, normas, crenças, valores e teorias que direcionam a ciência produzida por uma determinada comunidade científica em um período de tempo específico, o qual fornece a esta mesma comunidade soluções modelares nas quais surgem as tradições coerentes e específicas da pesquisa científica" (Keinert, 2007, p. 220).

Pós-graduação *lato sensu*: "compreendem programas de especialização e incluem os cursos designados como MBA (Master Business Administration)" (Brasil, 2018a).

Pós-graduação stricto sensu: "compreendem programas de mestrado e doutorado abertos a candidatos diplomados em cursos superiores de graduação e que atendam às exigências das instituições de ensino e ao edital de seleção dos alunos, conforme a Lei de Diretrizes e Bases da Educação Nacional" (Brasil, 2018a).

Teste de hipótese/teste de significância: "procedimento estatístico pelo qual se rejeita ou não uma hipótese" (Sídia, 2007, p. 55).

Referências

ALTMICKS, H. A. Principais paradigmas da pesquisa em educação realizada no Brasil. **Revista Contrapontos Eletrônica**, Salvador, v. 14, n. 2, p. 384-397, maio/ago. 2014.

ANDERY, M. A. et al. **Para compreender a ciência**: uma perspectiva histórica. 14. ed. Rio de Janeiro: Espaço e Tempo; São Paulo: Educ, 2004.

ANDRÉ, M. Pesquisa em educação: buscando rigor e qualidade. **Cadernos de Pesquisa**, n. 113, p. 51-64, jul. 2001.

ANDRÉ, M. E. D. A. A abordagem qualitativa de pesquisa. In: ____. **Etnografia da prática escolar**. Campinas: Papirus, 1995. p. 15-25.

____. **Estudo de caso em pesquisa e avaliação educacional**. Brasília: Liber Livro, 2005a.

____. **Estudo de caso em pesquisa e avaliação educacional**. Brasília: Liber Livro, 2008. v. 13. (Série Pesquisa).

____. Pesquisa em educação: questões de teoria e de métodos. **Revista Educação e Tecnologia**, Belo Horizonte, v. 10, n. 1, p. 29-35, jan./jun. 2005b.

ANDRÉ, M. E. D. A. Questões sobre os fins e sobre os métodos de pesquisa em educação. **Revista Eletrônica de Educação**, São Carlos, v. 1, n. 1, p. 119-131, set. 2007.

BARBETTA, P. A. **Estatística aplicada às ciências sociais**. Florianópolis: Ed. da UFSC, 2006.

BASSEY, M. **Case Study Research in Educational Settings**. London: Open University Press, 2003.

BAUER, M. W.; GASKELL, G. **Pesquisa qualitativa com texto, imagem e som**: um manual prático. Petrópolis: Vozes, 2002.

BICUDO, M. A. V. A pesquisa em educação matemática: a prevalência da abordagem qualitativa. **Revista Brasileira de Ensino de Ciência e Tecnologia**, Campo Grande, v. 5, n. 2, p. 15-26, maio/ago. 2012.

_____. Pesquisa em educação matemática. **Pro-Posições**, Campinas, v. 4, n. 1, p. 18-23, mar. 1993. Disponível em: <https://periodicos.sbu.unicamp.br/ojs/index.php/proposic/article/view/8644379/11803>. Acesso em: 14 mar. 2018.

_____. **Pesquisa em educação matemática**: concepções e perspectivas. São Paulo: Unesp, 1999.

BICUDO, M. A. V. (Org.). **Pesquisa qualitativa segundo a visão fenomenológica**. São Paulo: Cortez, 2011.

BOGDAN, R. C.; BIKLEN, K. S. **Investigação qualitativa em educação**. Porto: Porto, 1994.

BORBA, M. C. What is New in Mathematics Education: Challenging the Sacred Cow of Mathematical Certainty? **The Clearing House**, v. 65, n. 6, p. 332-343, 1992.

BOURDIEU, P. et al. **The Weight of the World**: Social Suffering in Contemporary Society. Cambridge: Polity Press, 1999.

BRAGA, L. P. V. **Compreendendo probabilidade e estatística**. Rio de Janeiro: E-papers, 2010.

BRASIL. Lei n. 5.692, de 11 de agosto de 1971. **Diário Oficial da União**, Poder Legislativo, Brasília, 12 ago. 1971. Disponível em: <http://www.planalto.gov.br/ccivil_03/Leis/L5692.htm>. Acesso em: 14 mar. 2018.

BRASIL. Lei n. 8.069, de 13 de julho de 1990. **Diário Oficial da União**, Poder Legislativo, Brasília, 16 jul. 1990. Disponível em: <http://www.planalto.gov.br/ccivil_03/leis/l8069.htm>. Acesso em: 14 mar. 2018.

BRASIL. Ministério da Educação. **Perguntas frequentes sobre educação superior**: pós-graduação lato sensu e stricto sensu. Disponível em: <http://portal.mec.gov.br/sesu-secretaria-de-educacao-superior/perguntas-frequentes#pos_graduação_lato_sensu_e_stricto_sensu>. Acesso em: 14 mar. 2018a.

_____. **Prêmios e competições**. Disponível em: <http://portal.mec.gov.br/par/190-secretarias-112877938/setec-1749372213/18844-premios-e-competicoes>. Acesso em: 14 mar. 2018b.

BRASIL. Ministério da Saúde. Conselho Nacional de Saúde. **Norma Operacional n. 001**, de 2013a. Disponível em: <http://conselho.saude.gov.br/web_comissoes/conep/aquivos/cns%20%20norma%20operacional%20001%20-%20conep%20finalizada%2030-09.pdf>. Acesso em: 14 mar. 2018.

_____. Resolução n. 001, de 14 de junho de 1988. **Diário Oficial da União**, Brasília, DF, 14 jun. 1988. Disponível em: <http://conselho.saude.gov.br/resolucoes/1988/reso01.doc>. Acesso em: 14 mar. 2018.

_____. Resolução n. 196, de 10 de outubro de 1996. **Diário Oficial União**, Brasília, DF, 16 out. 1996. Disponível em: <http://bvsms.saude.gov.br/bvs/saudelegis/cns/1996/res0196_10_10_1996.html>. Acesso em: 14 mar. 2018.

_____. Resolução n. 466, de 12 de dezembro de 2012. **Diário Oficial União**, Brasília, DF, 13 jun. 2013b. Disponível em: <http://conselho.saude.gov.br/resolucoes/2012/Reso466.pdf>. Acesso em: 14 mar. 2018.

_____. Resolução n. 510, de 7 de abril de 2016. **Diário Oficial União**, Brasília, DF, 24 maio 2016. Disponível em: <http://conselho.saude.gov.br/resolucoes/2016/reso510.pdf>. Acesso em: 14 mar. 2018.

BRASIL. Secretaria de Educação Fundamental. **Parâmetros Curriculares Nacionais**: Matemática. Brasília: MEC/SEF, 1997. Disponível em: <http://portal.mec.gov.br/seb/arquivos/pdf/livro03.pdf>. Acesso em: 14 mar. 2018.

BRASIL. Secretaria de Educação Média e Tecnológica. **Parâmetros Curriculares Nacionais**: Ensino Médio. Brasília: MEC/SEMTEC, 1999. Disponível em: <http://portal.mec.gov.br/seb/arquivos/pdf/ciencian.pdf>. Acesso em: 14 mar. 2018.

BRUYNE, P. de; HERMAN, J.; SCHOUTHEETE, M. **Dinâmica da pesquisa em ciências sociais:** os polos da prática metodológica. 5. ed. Rio de Janeiro: F. Alves, 1991.

BURAK, D. **Modelagem matemática:** ações e interações no processo de ensino- aprendizagem. 460 f. Tese (Doutorado em Educação) – Universidade Estadual de Campinas, Campinas, 1992.

BURKE, P. **A escrita da história:** novas perspectivas. São Paulo: Ed. da Unesp, 1992.

CARNEIRO, G. M.; CESARINO, L.; MELO NETO, J. F. de (Org.). **Dialética.** João Pessoa: Ed. da UFPB, 2002.

CARVALHO, E. C. de. A produção do conhecimento em enfermagem. **Revista Latino-Americana de Enfermagem**, Ribeirão Preto, v. 6, n. 1, p. 119-122, 1998.

CARVALHO, R. C.; OLIVEIRA, I.; REZENDE, F. Tendências da pesquisa na área de educação em ciências: uma análise preliminar da publicação da Abrapec. In: ENCONTRO NACIONAL DE PESQUISA EM CIÊNCIAS, 7., 2009, Florianópolis.

CONTRANDIOPOULOS, A.-P. et al. **Saber preparar uma pesquisa:** definição, estrutura e financiamento. Rio de Janeiro: Hucitec/Abrasco, 1994.

COSTA, O. V. L. Educação matemática: origem, características e perspectivas. In: ENEM – ENCONTRO NACIONAL DE EDUCAÇÃO MATEMÁTICA, 9., 2007, Belo Horizonte.

COULON, A. **Etnometodologia.** Petrópolis: Vozes, 1995.

CRESWELL, J. **Projeto de pesquisa:** métodos qualitativo, quantitativo e misto. Porto Alegre: Artmed, 2007.

D'AMBRÓSIO, U. Educação matemática: uma visão do estado da arte. **Pro-Posições**, Campinas, v. 4, n. 1, p. 7-17, 1993.

____. **Etnomatemática:** elo entre as tradições e a modernidade. 2. ed. Belo Horizonte: Autêntica, 2001.

D'AMBRÓSIO, U. Stakes in Mathematics Education for the Societies of Today and Tomorrow. One Hundred Years of L'Enseignement Mathématique, Moments of Mathematics Education in the Twentieth Century. In: EM-ICMI SYMPOSIUM, 2003, Genève.

DEMO, P. **Introdução à metodologia da ciência**. 2. ed. São Paulo: Atlas, 2008.

_____. **Metodologia do conhecimento científico**. São Paulo: Atlas, 2000.

DIGIÁCOMO, J. M.; DIGIÁCOMO, I. A. **ECA**: Estatuto da Criança e do Adolescente anotado e interpretado. 2. ed. São Paulo: FTD, 2011.

DILTHEY, W. **Introduction to the Human Sciences**. New Jersey: Princeton University Press, 1989.

DINIZ, C. R.; SILVA, I. B. **Metodologia científica**. Campina Grande; Natal: UEPB/UFRN-Eduep, 2008.

DURKHEIM, E. **Ética e sociologia da moral**. São Paulo: Landy, 2003.

ERNEST, P. Empowerment in Mathematics Education. **Philosophy of Mathematics Education Journal**, n. 15, 2002.

EXAME. São Paulo, n. 19, ano 46, 3 out. 2012.

FAGIANI, C. C.; FRANÇA, R. L. de. Ética e pesquisa em educação e trabalho: algumas considerações. **Laplage em Revista**, Sorocaba, v. 1, n. 2, p. 48-58, maio/ago. 2015.

FAGUNDES, A. J. F. M. **Descrição, definição e registro de comportamento**. São Paulo: Edicon, 1985.

FÁVERO, M. H. Psychopedagogic Practice in School Inclusion and in Research in the Development of Numeric Competence. In: CONFERENCIA INTERAMERICANA DE EDUCACIÓN MATEMÁTICA, 12., 2007, Santiago de Querétaro.

FERRARI, A. T. **Metodologia da ciência**. 3. ed. Rio de Janeiro: Kennedy, 1974.

FERREIRA, L. S. A pesquisa educacional no Brasil: tendências e perspectivas. **Contrapontos**, Itajaí, v. 9, n. 1, p. 43-54, jan./abr. 2009.

FERREIRA, L. S. **Educação & história**. 3. ed. Ijuí: Ed. da Unijuí, 2001.

FERREIRA, R. A. **A pesquisa científica nas ciências sociais**: caracterização e procedimentos. Recife: Ed. da UFPE, 1998.

FIORENTINI, D.; LORENZATO, S. **Investigação em educação matemática**: percursos teóricos e metodológicos. Campinas: Autores Associados, 2009.

FIORENTINI, D.; SADER, A. M. P. Tendências da pesquisa brasileira sobre a prática pedagógica em Matemática: um estudo descritivo. In: REUNIÃO ANUAL DE PESQUISADORES DE PÓS-GRADUAÇÃO EM EDUCAÇÃO, 2., 1999, Caxambu.

FLICK, U. **Uma introdução à pesquisa qualitativa**. Porto Alegre: Bookman, 2007.

FONSECA, J. J. S. **Metodologia da pesquisa científica**. Fortaleza: UEC, 2002.

FONSECA, M. da C. F. R.; GOMES, M. L. M.; MACHADO, A. C. Apresentação do dossiê: a pesquisa em educação matemática no Brasil. **Educação em Revista**, Belo Horizonte, n. 36, p. 131-136, 2002.

FREIRE, P.; SHOR, I. **Medo e ousadia**: cotidiano do professor. 7. ed. São Paulo: Paz e Terra, 1986.

FREIRE-MAIA, N. **A ciência por dentro**. Petrópolis: Vozes, 1998.

FREITAS, C. B. D. de. Os comitês de ética em pesquisa: evolução e regulamentação. **Revista Bioética**, v. 6, n. 2, 2009. Disponível em: <http://revistabioetica.cfm.org.br/index.php/revista_bioetica/article/viewFile/347/414>. Acesso em: 14 mar. 2018.

FREITAS, H. et al. O método de pesquisa *survey*. **Revista de Administração**, São Paulo, v. 35, n. 3, p. 105-112, jul./set. 2000.

FREITAS, M. T. de A. A pesquisa em educação: questões e desafios. **Vertentes**, São João Del Rey, v. 1, p. 28-37, 2007.

GAMBOA, S. S. (Org.). **Pesquisa educacional**: quantidade-qualidade. São Paulo: Cortez, 1995.

GATTI, B. A. A análise dos dados obtidos com o grupo focal. In: ____. **Grupo focal na pesquisa em ciências sociais e humanas**. Brasília: Liber Livro, 2005. p. 43-56.

GATTI, B. A. A produção da pesquisa em educação no Brasil e suas implicações sócio-político-educacionais: uma perspectiva da contemporaneidade. In: CONFERÊNCIA DE PESQUISA SOCIOCULTURAL, 3., 2000, Campinas.

_____. Estudos quantitativos em educação. **Educação e Pesquisa**, São Paulo, v. 30, n. 1, p. 11-30, jan./abr. 2004.

_____. Formação de professores, pesquisa e problemas metodológicos. **Contrapontos**, Itajaí, v. 3, n. 3, p. 381-392, set./dez. 2003. Disponível em: <https://siaiap32.univali.br/seer/index.php/rc/article/viewFile/734/585>. Acesso em: 14 mar. 2018.

_____. Implicações e perspectivas da pesquisa educacional no Brasil contemporâneo. **Cadernos de Pesquisa**, n. 113, p. 65-81, jul. 2001.

_____. Introdução. In: _____, **A construção da pesquisa em educação no Brasil**. Brasília: Liber Livro, 2007. p. 9-14.

GERHARDT, T. E. et al. Estrutura do projeto de pesquisa. In: GERHARDT, T. E.; SILVEIRA, D. T. **Métodos de pesquisa**. Porto Alegre: Ed. da UFRGS, 2009.

GERHARDT, T. E.; SILVEIRA, D. T. **Métodos de pesquisa**. Porto Alegre: Ed. da UFRGS, 2009.

GIL, A. C. **Como elaborar projetos de pesquisa**. 4. ed. São Paulo: Atlas, 2002.

_____. **Como elaborar projetos de pesquisa**. 5. ed. São Paulo: Atlas, 2016.

_____. **Métodos é técnicas de pesquisa social**. 6. ed. São Paulo: Atlas, 2008.

GODINO, J. D. **Perspectiva de la didáctica de las matemáticas como disciplina científica**. Departamento de La Matemática, Universidad de Granada, 2003.

_____. Presente y futuro de la investigación en didáctica de las matemáticas. In: REUNIÃO ANUAL DA ANPED, 29., 2006, Caxambu.

GODINO, J. D.; BATANERO, C. Clarifying the Meaning of Mathematical Objects as a Priority Area of Research in Mathematics Education. In: SIERPINSKA, A.; KILPATRICK, J. (Org.). **Mathematics Education as a Research Domain**: a Search for Identity. Dordrecht: Kluwer AP, 1998. p. 177-195.

GODOY, A. S. Pesquisa qualitativa: tipos fundamentais. **Revista de Administração de Empresas**, São Paulo, v. 35, n. 3, p. 20-29, mai/jun. 1995

GOMES, M. L. M. **História do ensino da matemática:** uma introdução. Belo Horizonte: CAED-UFMG, 2012.

GONZÁLEZ, F. E. Agenda latinoamericana de investigación en educación matemática para el siglo XXI. **Educación Matemática**, v. 12, n. 1, p. 107-128, 2000.

GORARD, S.; TAYLOR, C. **Combining Methods in Educational and Social Research**. Berkshire: Open University Press, 2004.

GORGORIÓ, N. et al. Cultura y educación matemática. **Cuadernos de Pedagogia**, Barcelona, n. 288, p. 72-75, fev. 2000.

GURGEL, C. M. A. Pesquisa etnográfica e educação matemática: processo, contextualização e construção. **Revista Linhas**, v. 6, n. 1, 2007.

_____. Por um enfoque sociocultural da educação das ciências experimentais. **Revista Eletrónica de Ensenãnza de las Ciencias**, Vigo, v. 2, n. 3, 2003.

HAYATI, D.; KARAMI, E.; SLEE, B. Combining Qualitative and Quantitative Methods in the Measurement of Rural Poverty. **Social Indicators Research**, v. 75, p. 361-394, 2006.

HIGGINSON, W. On the Foundations of Mathematics Education. **For the Learning of Mathematics**, v. 1, n. 2, p. 3-7, 1980.

HOUAISS, A.; VILLAR, M. S. **Dicionário eletrônico Houaiss da Língua Portuguesa**. Versão 3.0. Rio de Janeiro: Instituto Antônio Houaiss; Objetiva, 2009. 1 CD-ROM.

HUBERT, R. **História da pedagogia**. São Paulo: Companhia Editora Nacional, 1957.

HUTT, S. J.; HUTT, C. **Observação direta e medida do comportamento**. São Paulo: EPU, 1974.

IBGE – Instituto Brasileiro de Geografia e Estatística. **Microdados**. Disponível em: <https://ww2.ibge.gov.br/home/estatistica/indicadores/trabalhoerendimento/pnad_continua/default_microdados.shtm>. Acesso em: 14 mar. 2018.

JIMÉNEZ, E. A. **Quando professores de Matemática da escola e da universidade se encontram**: ressignificação e reciprocidade de saberes. 237 f. Tese (Doutorado em Educação) – Universidade Estadual de Campinas, Campinas, 2002.

KEINERT, T. M. M. **Administração pública no Brasil**: crises e mudanças de paradigmas. São Paulo: Annablume/Fapesp, 2007.

KILPATRICK, J. Fincando estacas: uma tentativa de demarcar a educação matemática como campo profissional e científico. **Zetetiké**, Campinas, v. 4, n. 5, p. 99-120, jan./jun. 1996.

_____. Historia de la investigación en educación matemática. In: KILPATRICK, J. et al. **Educación matemática e investigación**. Madrid: Editorial Sonteses, 1992. p. 15-96.

LAKATOS, E. M.; MARCONI, M. de A. **Fundamentos de metodologia científica**. 6. ed. São Paulo: Atlas, 2007.

_____. **Metodologia científica**. 3. ed. rev. ampl. São Paulo: Atlas, 2000.

LAMPERT, M. When the Problem is not the Question and the Solution is not the Answer: Mathematical Knowing and Teaching. **American Educational Research Journal**, v. 27, n. 1, p. 29-63, 1990.

LE COADIC, Y.-F. **A ciência da informação**. Brasília: Briquet de Lemos/ Livros, 1996.

LÜDKE, M.; ANDRÉ, M. E. D. A. **Pesquisa em educação**: abordagens qualitativas. São Paulo: EPU, 1986.

MARTINS, R. X. **Metodologia de pesquisa**: guia de estudos. Lavras: Ed. da Ufla, 2013.

MARTINS, R. X.; RAMOS, R. **Metodologia de pesquisa**: guia de estudos. Lavras: UFLA, 2013.

MATOS, K. S. L.; VIEIRA, S. V. **Pesquisa educacional**: o prazer de conhecer. Fortaleza: Demócrito Rocha, 2001.

MERLEAU-PONTY, M. **Fenomenologia da percepção**. São Paulo: M. Fontes, 1994.

MIGUEL, A. História, filosofia e sociologia da educação matemática na formação do professor: um programa de pesquisa. **Educação e Pesquisa**, São Paulo, v. 31, n. 1, p. 137-152, 2005.

MIGUEL, A. et al. A educação matemática: breve histórico, ações implementadas e questões sobre sua disciplinarização. **Revista Brasileira de Educação**, Rio de Janeiro, v. 27, p. 70-93, set./dez. 2004. Disponível em: <http://www.scielo.br/pdf/rbedu/n27/n27a05.pdf>. Acesso em: 23 mar. 2018.

MINAYO, M. C. de S. **O desafio do conhecimento**: pesquisa qualitativa em saúde. Rio de Janeiro: Hucitec, 2007.

____. **Pesquisa social**: teoria, método e criatividade. Petrópolis: Vozes, 2001.

MINAYO, M. C. de S. et al. **Pesquisa social**: teoria, método e criatividade. Petrópolis: Vozes, 1994.

MIORIM, M. A. **Introdução à história da educação matemática**. São Paulo: Atual, 1998.

MOREIRA, H.; CALEFFE, L. G. **Metodologia da pesquisa para o professor pesquisador**. Rio de Janeiro: DP&A, 2008.

OLIVEIRA, C. L. de. Um apanhado teórico-conceitual sobre a pesquisa qualitativa: tipos, técnicas e características. **Revista Travessias**, Cascavel, v. 2, n. 3, 2008.

OMNÈS, R. **Filosofia da ciência contemporânea**. São Paulo: Ed. da Unesp, 1996.

ORTEGA, E. M. V.; SANTOS, V. de M. Formação de professores no contexto da educação matemática. **Série-Estudos: Periódico do Programa de Pós-Graduação em Educação da UCDB**, Campo Grande, n. 26, p. 11-22 jul./dez. 2008. Disponível em: <http://www.serie-estudos.ucdb.br/index.php/serie-estudos/article/view/192/273>. Acesso em: 23 mar. 2018.

PARANÁ. Secretaria de Estado da Educação. **Diretrizes Curriculares de Educação Básica**: Matemática. Curitiba, 2008.

____. **Diretrizes Curriculares de Matemática para a Educação Básica**. Curitiba, 2009.

PINTO, R. A. **Quando professores de Matemática tornam-se produtores de textos escritos**. 246 f. Tese (Doutorado em Educação) – Universidade Estadual de Campinas, Campinas, 2002.

PONTE, J. P. da. Perspectivas de desenvolvimento profissional de professor de Matemática. In: PONTE, J. P. da et al. (Org.). **Desenvolvimento profissional dos professores de Matemática**: que formação? Lisboa: Secção de Educação Matemática/Sociedade Portuguesa de Ciências da Educação, 1995. p. 193-211.

PRODANOV, C.; FREITAS, C. E. **Metodologia do trabalho científico**: métodos e técnicas da pesquisa e do trabalho acadêmico. 2. ed. Novo Hamburgo: Feevale, 2013. Disponível em: <http://www.feevale.br/Comum/midias/8807f05a-14d0-4d5b-b1ad-1538f3aef538/E-book%20Metodologia%20do%20Trabalho%20Cientifico.pdf>. Acesso em: 22 mar. 2018.

QUIVY, R.; CAMPENHOUDT, L. V. **Manuel de recherche en sciences sociales**. Paris: Dunod, 1995.

R DEVELOPMENT CORE TEAM. **R: a Language and Environment for Statistical Computing**. Vienna, 2012.

ROCHA, J. L. **A Matemática do curso secundário na reforma Francisco Campos**. 228 f. Dissertação (Mestrado em Matemática) – Pontifícia Universidade Católica do Rio de Janeiro, Rio de Janeiro, 2001.

RODRIGUES, R. B. **Cuide de você e tenha mais qualidade de vida**. Joinville: Clube de Autores, 2010.

SANT'ANA, R. B. de. A implicação do pesquisador na pesquisa interacionista na escola. **Psicologia em Revista**, Belo Horizonte, v. 16, n. 2, p. 370-387, ago. 2010.

SANTOS, A. R dos. **Metodologia científica**: a construção do conhecimento. 2. ed. Rio de Janeiro: DP&A, 1999.

SCHOENFELD, A. H. Learning to Think Mathematically: Problem Solving, Metacognition, and Sense-Making in Mathematics. In: GROUWS, D. (Ed.). **Handbook for Research on Mathematics Teaching and Learning**. New York: MacMillan, 1992. p. 334-370.

SCHWARTZMAN, S. A. Pesquisa científica no Brasil: matrizes culturais e institucionais. In: GONÇALVES, E. de L. (Org.). **Pesquisa médica**. São Paulo: EPU; Brasília: CNPq, 1982. p. 137-160. v. 1.

SEVERINO, A. J. Pós-graduação e pesquisa: o processo de produção e de sistematização do conhecimento no campo educacional. In: BIANCHETTI, L.; MACHADO, A. M. N. (Org.). **A bússola do escrever**: desafios e estratégias na orientação de teses e dissertações. São Paulo: Cortez, 2002. p. 67-87.

SÍDIA, M. C. J. **Bioestatística**: princípios e aplicações. Porto Alegre: Artmed, 2007.

SIEGEL, S.; CASTELLAN JR., N. J. **Estatística não paramétrica para ciências do comportamento**. Porto Alegre: Artmed, 2006.

SILVA, C. P. da. **A matemática no Brasil**: uma história do seu desenvolvimento. Curitiba: Ed. da UFPR, 1992.

SILVA, C. R. O. **Metodologia do trabalho científico**. Fortaleza: Centro Federal de Educação Tecnológica do Ceará, 2004.

SILVA, D. **Tópicos avançados de estatística na pesquisa em administração de empresas**. 2003. Notas de aula. Disponível em: <http://www.ufrrj.br/institutos/it/deng/varella/Downloads/multivariada%20aplicada%20as%20ciencias%20agrarias/literatura/Estat%EDstica%20na%20Pesquisa%20em%20Administra%E7%E3o%20de%20Empresas.doc>. Acesso em: 14 mar. 2018.

SILVEIRA, D. T.; CÓRDOVA, F. P. A pesquisa científica. In: GERHARDT, T. E.; SILVEIRA, D. T. **Métodos de pesquisa**. Porto Alegre: Ed. da UFRGS, 2009.

SPRATT, C.; WALKER, R.; ROBINSON, B. Mixed Research Methods. Practitioner Research and Evaluation Skills. Training in Open and Distance Learning. **Commonwealth of Learning**, 2004. Disponível em: <http://www.col.org/SiteCollectionDocuments/A5.pdf>. Acesso em: 28 dez. 2016.

STAKE, R. E. **Handbook of Qualitative Research**. London: Sage, 1994.

STEINER, H. G. Needed Cooperation between Science Education and Mathematics Education. **Zentralblatt für Didaktik der Mathematik**, n. 6, p. 194-197, 1990.

TARTUCE, T. J. A. **Métodos de pesquisa**. Fortaleza: Unice, 2006.

TERENCE, A. C. F.; ESCRIVÃO FILHO, E. Abordagem quantitativa, qualitativa e a utilização de pesquisa-ação nos estudos organizacionais. In: ENCONTRO DE ENGENHARIA DE PRODUÇÃO, 26., 2006, Fortaleza.

THIOLLENT, M. **Metodologia da pesquisa-ação**. 4. ed. São Paulo: Cortez, 1988.

TODOS pela Educação. **Avaliação externa é instrumento para garantir a equidade na educação**. 15 set. 2011. Disponível em: <http://www.todospela educacao.org.br/reportagens-tpe/18856/avaliacao-externa-e-instrumento-para-garantir-a-equidade-na-educacao/>. Acesso em: 15 mar. 2018.

TRIPP, D. Pesquisa-ação: uma introdução metodológica. **Educação e Pesquisa**, São Paulo, v. 31, n. 3, p. 443-466, set./dez. 2005. Disponível em: <http://www.scielo.br/pdf/ep/v31n3/a09v31n3.pdf>. Acesso em: 22 mar. 2018.

TRIVIÑOS, A. N. S. **Introdução à pesquisa em ciências sociais**: a pesquisa qualitativa em educação – o positivismo, a fenomenologia, o marxismo. São Paulo: Atlas, 1987.

TYLOR, E. B. On a Method of Investigating the Development of Institutions; Applied to Laws of Marriage and Descent. **The Journal of the Anthropological Institute**, v. 18, p. 245-272, 1889.

VIANNA, H. M. **Pesquisa em educação**: a observação. Brasília: Plano, 2003.

VICENTE, R. **Método científico**. Universidade de São Paulo, 2008. Disponível em: <http://www.each.usp.br/rvicente/MetodoCientifico.pdf>. Acesso em: 14 mar. 2018.

VIEIRA, G. F.; BRITTO, I. A. G. de S. Discutindo o levantamento de dados via metodologia observacional. In: SILVA, W. C. M. P. da. **Sobre comportamento e cognição**: reflexões epistemológicas e conceituais, considerações metodológicas e relatos de pesquisa. Santo André: Esetec, 2008. p. 123-131. v. 22.

WALKER, M. R. **Disciplina de Fundamentos da Ética**. Ministério da Educação, Universidade Tecnológica Federal do Paraná, Campus de Santa Helena. Santa Helena, 2015. Disponível em: <http://paginapessoal.utfpr.edu.br/maristelawalker/Apostila%20FUNDAMENTOS%20DA%20ETICA%20%20Profa%20Maristela%202%20semestre%202015.pdf/at_download/file>. Acesso em: 15 mar. 2018.

WEBER, M. **Economia e sociedade**: fundamentos de sociologia compreensiva. 3. ed. Brasília: UnB, 1994.

YIN, R. K. **Estudo de caso**: planejamento e métodos. 4. ed. Porto Alegre: Bookman, 2010.

Bibliografia Comentada

BRASIL. Ministério da Saúde. Conselho Nacional de Saúde. Resolução n. 510, de 7 de abril de 2016. **Diário Oficial União**, Brasília, DF, 24 maio 2016. Disponível em: <http://conselho.saude.gov.br/resolucoes/2016/reso510.pdf>. Acesso em: 15 mar. 2018.

A resolução trata da ética em pesquisa em ciências humanas e sociais, com suas especificidades de concepção e práticas de pesquisa. Considera os documentos que constituem os pilares do reconhecimento e da afirmação da dignidade, da liberdade e da autonomia do ser humano, como a Declaração Universal dos Direitos Humanos, de 1948, e a Declaração Interamericana de Direitos e Deveres Humanos, de 1948.

CONTRANDIOPOULOS, A.-P. et al. **Saber preparar uma pesquisa**: definição, estrutura e financiamento. Rio de Janeiro: Hucitec/Abrasco, 1994.

O livro tem o propósito de esclarecer as etapas necessárias à elaboração de um projeto de pesquisa convincente e realizável. Seu conteúdo envolve tanto indicações do que um projeto de pesquisa deve conter quanto noções elementares de metodologia para a sua preparação.

DEMO, P. **Introdução à metodologia da ciência**. 2. ed. São Paulo: Atlas, 2008.

A obra trata da dialética como a metodologia adequada para se apreender a realidade. Apresenta os cuidados específicos do cientista, reconhecidos como importantes, os quais, uma vez seguidos, parecem produzir o resultado esperado, a saber, a ciência.

GROUWS, D. A. **Handbook of Research on Mathematics Teaching and Learning**. New York: Macmillan Publishing Company, 1992.

O livro é uma síntese histórica da pesquisa em educação matemática. Apresenta indicadores decisivos para o reconhecimento de uma nova disciplina, momento em que as especialidades começam a se caracterizar em busca de áreas de investigação definidas e se refletem em congressos nacionais e internacionais.

KILPATRICK, J. Historia de la investigación en Educación Matemática. In: KILPATRICK et al. **Educación Matemática e investigación**. Madrid: Síntesis, 1992.

A obra é uma síntese do trabalho do Primeiro Simpósio Internacional de Educação Matemática e de pesquisas em educação matemática, apresentando indicadores decisivos para o reconhecimento de uma nova disciplina e seus problemas atuais. Disponibiliza, também, reflexões teóricas e metodológicas de grande interesse para o professor e o pesquisador da área de educação matemática.

LAKATOS, E. M.; MARCONI, M. de A. **Metodologia científica**. 3. ed. rev. ampl. São Paulo: Atlas, 2000.

As autoras apresentam uma discussão teórica e conceitos clássicos dos métodos científicos e das técnicas de pesquisa. O livro realiza um estudo comparativo entre os tipos de métodos e discorre sobre o processo histórico de construção da ciência moderna.

LÜDKE, M.; ANDRÉ, M. E. D. A. **Pesquisa em educação**: abordagens qualitativas. São Paulo: EPU, 1986.

Com várias reimpressões desde sua publicação, em 1986, o livro aborda questões que representavam impasses ou obstáculos para os jovens pesquisadores da época, os quais, na busca de soluções para os problemas, se lançavam avidamente sobre abordagens qualitativas da pesquisa em educação.

MIORIM, M. A. **Introdução à história da educação matemática**. São Paulo: Atual, 1998.

Guiado pela ementa da disciplina do curso de Licenciatura a distância da Universidade Federal de Minas Gerais (UFMG), o livro demonstra o que uma disciplina não tem espaço para descrever e abordar em tempo hábil, criando condições para os estudantes compreenderem melhor os fundamentos de uma postura crítica e investigativa sobre a história do ensino da matemática no Brasil. Busca explorar as potencialidades dos licenciandos e conduzi-los à inserção como sujeitos dessa história.

Anexos

Anexo 1

Revisão de literatura (base teórica): o quê?

- Quando a revisão de literatura não é feita, o investigador corre o risco de realizar uma prática cujos resultados não podem ser interpretados à luz da ciência, assim, prejudicando a formulação de conclusões ou consequências para a área da **pesquisa**.
- Base de sustentação da pesquisa – para explicar, compreender e atribuir significado aos dados.

A revisão de literatura visa a:

- demonstrar o conhecimento que o pesquisador tem do assunto/tema e do problema;
- rever pesquisas desenvolvidas, tanto substanciais como metodológicas, mais recentes na área escolhida;
- descrever o campo de atuação no qual o estudo se propõe a estender o conhecimento teórico e/ou prático;
- reconstrução do conhecimento vigente sobre o tema [...].

Fonte: Prodanov; Freitas, 2013, p. 81-82, grifo do original.

ANEXO 2

Justificativa: por quê?

- Razões de ordem teórica e os motivos de ordem prática que tornaram importante a realização da pesquisa.
- Mostrar a originalidade de sua proposta.
- Escrever:
    - importância da temática;
    - importância da pesquisa.
- Observar alguns itens importantes, como:

    a) atualidade do tema [...];

    [...]

    d) relevância do tema: importância social, econômica, política etc.;

    e) pertinência do tema: contribuição do tema para o debate científico.

Fonte: Prodanov; Freitas, 2013, p. 82-83.

Respostas

Capítulo 1

Atividades de autoavaliação

1. d
2. c
3. b
4. c
5. a

Atividades de aprendizagem

Questões para reflexão

1. O tema da Amazônia, representado na Figura 1.1, possibilita trabalhar as bases lógicas da investigação por meio da abstração e dos métodos de abordagem propostos na Seção 1.5.1 e, principalmente, em suas subseções.
2. Refletir sobre as fases e os métodos de pesquisa apresentados na Figura 1.6.

Atividade aplicada: prática

1. Bruyne (critérios/norma): cuidados metodológicos, normas, estudo, produção e critérios científicos.
   Minayo (trabalho): labor, segue duas direções, elabora teorias e métodos, comprova o conhecimento científico.

Capítulo 2

Atividades de autoavaliação

1. b
2. d
3. a
4. c
5. b

Atividades de aprendizagem

Questões para reflexão

1. A partir do texto de Gatti (2003), é possível perceber que os dados tratados inadequadamente podem gerar interpretações erradas, principalmente quando, na mesma pesquisa, é trabalhado o mesmo assunto a partir de dados qualitativos e quantitativos. É por esse motivo que a autora comenta sobre a dualidade.
2. Esse trecho de Demo (2000) propõe uma reflexão sobre a evolução da pesquisa com métodos, etapas e classificações na construção do conhecimento.

Atividades aplicadas: prática

1. A resposta para essa questão pode variar, pois depende do artigo escolhido. Apenas para demonstrar o que é esperado, apresentamos, a seguir um **exemplo** de resposta.
   Artigo escolhido: Coelho, E. C.; Ribeiro Junior, P. J.; Bonat, W. H. Exame nacional de desenvolvimento de estudantes de estatística-desafios e perspectivas pela TRI. **Revista da Estatística da Universidade Federal de Ouro Preto**, v. 3, n. 2, 2014.
   a) Amostra
   b) Indireta
   c) Quantitativo

2. A resposta para essa questão pode variar, pois depende do site escolhido. Apenas para demonstrar o que é esperado, apresentamos, a seguir um **exemplo** de resposta.
O *site* escolhido: Qedu. Disponível em: <http://qedu.org.br/>. Acesso em: 15 mar. 2018.
a) Índice de Desenvolvimento da Educação Básica – (Ideb)
b) Evolução do Ideb de Paranaguá/Paraná
c) A cidade atingiu a meta projetada pela IDEB?
d) Qualitativos
e) Variável dependente

Capítulo 3

Atividades de autoavaliação

1. a
2. c
3. b
4. d
5. d

Atividades de aprendizagem

Questões para reflexão

1. A Figura 3.3 demonstra que os tipos de pesquisa estão interligados. Assim, podem ser feitos alguns questionamentos quanto essa relação, como: Apresentam a mesma classificação? Quais são as semelhanças entre elas? Todas são qualitativas/quantitativas? Apresentam a mesma vantagem do que o levantamento de dados?
2. Bicudo (2011) chama atenção para a necessidade de planejamento de uma pesquisa, pois dados coletados sem definições geram questionamentos.

Atividade aplicada: prática

1. A resposta para essa questão pode variar, pois depende do artigo selecionado. Apenas para demonstrar o que é esperado, apresentamos, a seguir um **exemplo** de resposta.

Artigo escolhido: Coelho, E. C.; Ribeiro Junior, P. J. & Bonat, W. H. Exame nacional de desenvolvimento de estudantes de estatística-desafios e perspectivas pela TRI. **Revista da Estatística da Universidade Federal de Ouro Preto**, v. 3, n. 2, p. 323-337, 2014.
a) Pesquisa Exploratória
b) Quantitativa

Capítulo 4

Atividades de autoavaliação

1. d
2. b
3. a
4. c
5. d

Atividades de aprendizagem

Questões para reflexão

1. Com os PCN e o plano de ensino, você deve levantar questões da educação matemática pertinentes aos conteúdos abordados, como, por exemplo: Como? Por quais motivos o conteúdo escolhido pode contribuir com a educação matemática? Esses questionamentos, ao serem respondidos, podem levar a uma melhor compreensão e desenvolvimento dos conteúdos matemáticos. Assim, é preciso que o professor de matemática de fato conheça o conteúdo a ser abordado e esteja familiarizado com os conceitos próprios dessa ciência. Além disso, é necessário que proponha um encadeamento desses conteúdos de maneira que eles não só tenham coerência com sua prática pedagógica, mas também possam fazer sentido para o educando.
2. O conteúdo proposto na Seção 4.2 (Educação matemática e perspectivas de pesquisa). O modelo tetraédrico de Higginson apresenta, em cada face, disciplinas que contribuem para explicar as perguntas, ou seja, a relação da educação matemática com outras áreas. Conforme Higginson (1980), o como ensinar está relacionado à psicologia, enquanto para Fiorentini e Lorenzato (2009), o como ensinar passa pela construção e pela transferência de conhecimentos e habilidades, ou seja, as perguntas abrangem a interdisciplinaridade na educação matemática.

Atividades aplicadas: prática

1. As respostas são pessoais e condicionadas à pela escolha do campo da educação matemática e às práticas que você julga efetivas para manutenção dos laços entre ciência e educação.
2. Os objetivos gerais do ensino de Matemática no ensino fundamental são levar o aluno a:

> - identificar os conhecimentos matemáticos como meios para compreender e transformar o mundo à sua volta e perceber o caráter de jogo intelectual, característico da Matemática, como aspecto que estimula o interesse, a curiosidade, o espírito de investigação e o desenvolvimento da capacidade para resolver problemas;
> - fazer observações sistemáticas de aspectos quantitativos e qualitativos do ponto de vista do conhecimento e estabelecer o maior número possível de relações entre eles, utilizando para isso o conhecimento matemático (aritmético, geométrico, métrico, algébrico, estatístico, combinatório, probabilístico); selecionar, organizar e produzir informações relevantes, para interpretá-las e avaliá-las criticamente;
> - resolver situações-problema, sabendo validar estratégias e resultados, desenvolvendo formas de raciocínio e processos, como dedução, indução, intuição, analogia, estimativa, e utilizando conceitos e procedimentos matemáticos, bem como instrumentos tecnológicos disponíveis;
> - comunicar-se matematicamente, ou seja, descrever, representar e apresentar resultados com precisão e argumentar sobre suas conjecturas, fazendo uso da linguagem oral e estabelecendo relações entre ela e diferentes representações matemáticas;
> - estabelecer conexões entre temas matemáticos de diferentes campos e entre esses temas e conhecimentos de outras áreas curriculares;
> - sentir-se seguro da própria capacidade de construir conhecimentos matemáticos, desenvolvendo a autoestima e a perseverança na busca de soluções;
> - interagir com seus pares de forma cooperativa, trabalhando coletivamente na busca de soluções para problemas propostos, identificando aspectos consensuais ou não na discussão de um assunto, respeitando o modo de pensar dos colegas e aprendendo com eles.

Fonte: Brasil, 1997.

3. A resposta para essa questão pode variar, pois depende do modelo escolhido. Apenas para demonstrar o que é esperado, apresentamos, a seguir um **exemplo** de resposta:
O modelo de González (Figura 4.3) destaca a matemática, a psicologia e a pedagogia como áreas de maior influência na educação matemática, e a antropologia, a sociologia e a epistemologia como influências secundárias. A escolha desse modelo demonstra a interação de vários campos científicos e a complexidade de relacionar a disciplina matemática com áreas que não possuem o mesmo eixo de estudos, mas que, ao serem associadas na educação matemática, as influências e as articulações geram respostas de pesquisas.
4. A resposta para essa questão pode variar, pois depende do site selecionado. Apenas para demonstrar o que é esperado, apresentamos, a seguir um **exemplo** de resposta.
Site escolhido: INEP – Instituto Nacional de Estudos e Pesquisas Anísio Teixeira. Disponível em: <http://portal.inep.gov.br/>. Acesso em: 15 mar. 2018.
a) MEC, no âmbito do Instituto Nacional de Estudos e Pesquisas Educacionais Anísio Teixeira (Inep). O Inep foi criado, por lei, no dia 13 de janeiro de 1937, sendo chamado inicialmente de *Instituto Nacional de Pedagogia*.
b) Avaliações em larga escala como principal.
c) várias publicações: http://inep.gov.br/web/guest/publicacoes
d) http://inep.gov.br/web/guest/noticias

Capítulo 5

Atividades de autoavaliação

1. c
2. b
3. a
4. d
5. c

Atividades de aprendizagem

Questões para reflexão

1. A chave para a integração é a justiça, entendida e inspirada por meio dos valores de igualdade e equidade, particularmente na escola. Seja nas próprias relações entre os agentes que constituem a instituição, seja nas disciplinas do currículo, o tema ética é tratado com vistas à construção da cidadania. No contexto das pesquisas educacionais, demonstra a preocupação com diferentes abordagens teóricas e metodológicas para a aquisição dos dados e sua interpretação.
2. A proposta da pesquisa sugerida é permitir que você conheça a estrutura da Comissão Nacional de Ética em Pesquisa (Conep), reconhecendo que essa comissão está ligada ao Conselho Nacional de Saúde (CNS) e que foi criada pela Resolução CNS 196/96. É interessante, também, que você verifique a legislação que ampara os aspectos éticos das investigações científicas que envolvem seres humanos nas pesquisas realizadas no Brasil.

Atividades aplicadas: prática

1. A questão central é a justiça, entendida e inspirada pelos valores de igualdade e equidade, particularmente na escola. Seja nas relações entre os agentes que constituem a instituição, seja nas disciplinas do currículo, o tema *ética* é tratado com vistas à construção da cidadania.
2. A proposta da pesquisa sugerida é permitir que você conheça a estrutura da Comissão Nacional de Ética em Pesquisa (Conep), reconhecendo que essa comissão está ligada ao Conselho Nacional de Saúde (CNS) e que foi criada pela Resolução CNS 196/96. É interessante, também, que você verifique a legislação que ampara os aspectos éticos das investigações científicas que envolvem seres humanos nas pesquisas realizadas no Brasil.

Nota sobre a autora

Edy Célia Coelho é doutora em Métodos Numéricos em Engenharia pela Universidade Federal do Paraná (UFPR); mestre em Engenharia Agrícola pela Universidade Estadual do Oeste do Paraná (Unioeste) e graduada em Matemática pela mesma instituição. Professora e educadora, atua com os temas: estatística, métodos quantitativos e qualitativos, avaliação educacional, métodos numéricos, tecnologia na educação, educação matemática e construção de métodos de pesquisa em estatística, teoria de resposta ao item e projetos de pesquisas.

Os papéis utilizados neste livro, certificados por instituições ambientais competentes, são recicláveis, provenientes de fontes renováveis e, portanto, um meio sustentável e natural de informação e conhecimento.

FSC
www.fsc.org
MISTO
Papel produzido a partir de fontes responsáveis
FSC® C057341

Impressão: Log&Print Gráfica e Logística S.A.
Dezembro/2021